Miss GULAG und die Rolle
des weiblichen Körpers
in der russischen Lagerliteratur

Europäische Hochschulschriften

European University Studies

Publications Universitaires Européennes

Reihe XVIII **Vergleichende Literaturwissenschaft**

Series XVIII Comparative Literature

Série XVIII Littérature comparée

Band/Volume **135**

Lena Reich

Miss GULAG und die Rolle des weiblichen Körpers in der russischen Lagerliteratur

Von Anton Čechov bis Evgenija Ginzburg mit einem Nachwort zu den Pussy Riots

Bibliografische Information der Deutschen Nationalbibliothek
Die Deutsche Nationalbibliothek verzeichnet diese Publikation in der Deutschen
Nationalbibliografie; detaillierte bibliografische Daten sind im Internet über
http://dnb.d-nb.de abrufbar.

Die vorliegende Arbeit wurde von Prof. Dr. Georg Witte
zur Veröffentlichung empfohlen.

ISSN 0721-3425
ISBN 978-3-631-63929-0

© Peter Lang GmbH
Internationaler Verlag der Wissenschaften
Frankfurt am Main 2013
Alle Rechte vorbehalten.
PL Academic Research ist ein Imprint der Peter Lang GmbH

Das Werk einschließlich aller seiner Teile ist urheberrechtlich geschützt.
Jede Verwertung außerhalb der engen Grenzen des Urheberrechtsgesetzes ist
ohne Zustimmung des Verlages unzulässig und strafbar.
Das gilt insbesondere für Vervielfältigungen, Übersetzungen, Mikroverfilmungen
und die Einspeicherung und Verarbeitung in elektronischen Systemen.

www.peterlang.de

Vorwort

Vor zwanzig Jahren sorgten Wettbewerbe wie „Miss World" oder „Mister Universe" noch für Schlagzeilen, mittlerweile gehören Schönheitswahlen zum Alltag. Während TV-Sender westlicher Industrienationen Serienformate wie „Germany`s Next Topmodel" oder „American Idol" als Dauerwerbesendungen vermarkten und Modelverträge versprechen, locken russische Energieanbieter bei der jährlichen Wahl zur „Miss Atom" hingegen mit Arbeitsverträgen[1]. In jüngster Zeit machten zudem immer mehr Gefängnisse auf sich aufmerksam, die in Misswahlen eine neue Form von Resozialisierungsprogrammen entdeckt haben. Tatsächlich sind Inhaftierte in Brasilien, Kolumbien oder Litauen trotz ihrer geringen Aussichten auf einen Modelvertrag äußerst motiviert, an Schönheitswettbewerben teilzunehmen. Versprochen wird ihnen eine ökonomische Sicherheit, die von der Attraktivität ihrer jugendlichen Körper aber auch dem sogenannten „inneren Erscheinungsbild" abhängig ist. Im Gefängnis wie in der Außenwelt scheint die Betonung der Weiblichkeit in einer besonderen Verbindung zur Freiheit zu stehen.

Im Mittelpunkt der vorliegenden komparatistischen Magisterarbeit steht der Dokumentarfilm Miss GULAG (2006) der russisch-amerikanischen Regisseurin Maria Jatskova. Miss GULAG erzählt von einem russischen Frauenlager unweit der sibirischen Stadt Novosibirsk, dem Camp UF 91-9, in dem jährlich ein Schönheitswettbewerb stattfindet, der den Inhaftierten eine Chance auf eine frühzeitige Entlassung eröffnet. Inwiefern körperliche Schönheit mit verschiedenen Kategorien von Freiheit korrespondiert, ist Gegenstand der vorliegenden Untersuchung. Darüber hinaus bildet die Filmanalyse die Grundlage für einen Blick auf die russische Lagerliteratur von Anton Čechov bis Evgenija Ginzburg unter dem Gesichtspunkt der Objektivierung des weiblichen Körpers: der Reduzierung des Körpers auf seine physische Materialität.

Der Schönheitswettbewerb „Miss Spring" ist der Anlass des Films der in Moskau geborenen und 1983 nach New York emigrierten Regisseurin Jatskova und des russisches Kameramanns Grigorij Rudakov. Gewährt werden Einblicke in das Lagerleben sowie das Leben der entlassenen Häftlinge in Freiheit. Anhand drei porträtierter Frauen zeigt Miss GULAG ein Bild der ersten „coming-of-age"-Generation des postsowjetischen Russlands[2]: Julija Lutsak, 23, wurde für den Verkauf von 0,3 Gramm Heroin zu vier Jahren Haft verurteilt. Tatjana Daseva, 26, hat die Chefin ihres Bruders überfallen, weil diese dessen Drogen-

---

1 Langer, Annette: *Miss Atom 2010 - Ein Fest für Frauen*, SPIEGEL ONLINE, 18.02.2009.
2 Zitat Maria Yatksova im Interview mit Carolin Ströbele in Ströbele, Carolin: Modenschau im Gulag, ZEIT ONLINE, Februar 2007.

konsum während der Arbeitszeit duldete. Sie verbüßt bereits das achte Jahr ihrer insgesamt vierzehnjährigen Freiheitsstrafe. Nataša Patalachava, 28, lebt bereits in Freiheit, hat aber sieben Jahre und fünf Monate für versuchten Mord am Dealer ihres an einer Überdosis Heroin gestorbenen Geliebten in Camp UF 91-9 verbracht. Gemeinsam mit dem Filmteam besucht sie am Tag des Schönheitswettbewerbes das Frauenlager und sieht ihre Freundin Katja wieder. Während Natašas Leben außerhalb von UF 91-9 nur mühsam zu bewältigen ist, da sie als kasachische Vertriebene bereits seit vierzehn Jahren auf die Aushändigung ihrer russischen Papiere wartet, wird sie innerhalb der Mauern als Popstar gefeiert.

Gestützt auf das semantische Analyseverfahren des Literatur- und Filmwissenschaftlers Jurij Lotman soll untersucht werden, inwiefern Nataša und Tatjana „dynamische" Figuren sind. Nach Lotman zeichnen sich „dynamische" Figuren dadurch aus, dass gerade die Überschreitung einer Verbotsgrenze das bedeutungstragende Element im Verhalten einer Person, d. h. das Ereignis, voraussetzt. Tatjana wird am Ende des Filmes aufgrund einer besonders hohen Anpassungsleistung aus der Haft entlassen, Nataša kehrt zeitweise freiwillig in das Gefängnis zurück, was die räumliche Dichotomie von Freiheit und Unfreiheit verschwimmen lässt.

Mit Judith Butlers Interpretation der Hegelschen Herr-Knecht-Problematik soll überprüft werden, inwiefern sich eine körperliche Entsprechung dieser Dialektik in der Figur Julijas findet. Da der Film Julias Religiosität visuell, nicht aber verbal betont, wird die Möglichkeit hinterfragt, Julija als religiöse Gestalt zu lesen.

Des Weiteren soll ein Überblick der russischen Lagerliteratur seit der Einführung der „katorga" (Zwangsarbeit) in Sibirien aufzeigen, wie sich die weibliche physische Attraktivität in Extremsituationen als Überlebensstrategie etabliert hat. In Anton Čechovs *Die Insel Sachalin* (1880) und Fedor Dostoevskijs *Memoiren aus einem Totenhaus* (1860) tritt die Frau vorwiegend als Prostituierte im Handlungshintergrund auf. Dagegen präsentiert die stalinistische Propagandaliteratur der vierziger Jahre das Umerziehungslager als idealen Ort des androgynen Sowjetmenschen. In dem von Maksim Gorki mitherausgegebenen Kollektivroman *Belomor* (1934) scheint der Geschlechtskörper für immer überwunden. Auch Nikolaj Ostrovskijs *Wie der Stahl gehärtet wurde* (1934) idealisiert die Egalisierung der Differenz zwischen weiblichem und männlichem Körper. Die GULag-Literatur in der inoffiziellen Untergrundliteratur der poststalinistischen Sowjetunion der 1970er-Jahre dokumentiert das tatsächliche Verschwinden der Körper. Evgenija Ginzburgs autobiographischer Bericht *Marschroute eines Lebens* (1967) über ihre Internierung in der Stalin Ära und einige Erzählungen des ebenfalls unter Stalin Inhaftierten Varlam Šalamov sollen aufzeigen, inwiefern das Beharren auf dem weiblichen Körper und die Pflege seiner

Attraktivität als Mittel zur Individualisierung und (Wieder-)Eingliederung in die Gesellschaft wirkten.

Abschließend wende ich mich den mythologischen Aspekten der von Winfried Menninghaus publizierten Untersuchung zur darwinistischen Evolutionstheorie [3] in Abhängigkeit von der Schönheit zu. Hier wird sich die Frage stellen, ob es sich bei der anonymisierten Gewinnerin des Schönheitswettbewerbs in *Miss GULAG* um eine Adonis-Gestalt handelt und welches Licht diese mythologische Komponente auf ihren Beitrag zur Schönheitswahl wirft. Besondere Berücksichtigung findet ihr exotischer Tanz, der stark mit den streng reglementierten Appellen auf dem Gefängnishof kontrastiert.

Bei der für die Untersuchung des Films Miss GULAG verwendeten Literatur handelt es sich vorwiegend um Zeitungsartikel bzw. Artikel aus Onlinemedien. Während der Recherchen stand ich in Mail-Kontakt mit dem Produktionsteam Vodar & Neilhausen in New York, das mir sowohl eine Kopie des Films auf DVD als auch das Script zur Verfügung stellte. Zu *Miss GULAG* existiert bisher keine wissenschaftliche Literatur. Der Film weist mit Einschränkungen trotz seiner „Nischen-Existenz" in der jüngeren Filmgeschichte ein hohes Analyse-Potential auf, weil er ein Boulevardthema (die Wahl der „Schönsten") mit der existentiellen Frage nach Freiheit und Unfreiheit verbindet.

Zum Zeitpunkt der Fertigstellung dieser Veröffentlichung sorgte die russische Punkband *Pussy Riots* mit einem skandalösen Auftritt in der Christi-Erlöser-Kathedrale in Moskau für Schlagzeilen: drei Bandmitglieder wurden wegen Rowdytums verhaftet und zu drei Jahren Straflager verurteilt. Weil zum Einen der Auftritt in Minirock und Skimützen im abgetrennten Kirchenraum so ostentativ körperlich radikal ist, zum anderen die Frauen in ihrem Plädoyer immer wieder auf historische politische Häftlinge beriefen, deren Schriften auch in dieser Arbeit zu Wort kommen werden, wird im Nachwort kurz auf signifikanten Körper der verurteilten Frauen eingegangen.

Der Begriff GULag als Abkürzung für „Glavnoe upravlenie ispravitel'notrudovych lagerej" (Hauptverwaltung der Besserungsarbeitslager) etablierte sich mit der Publikation des Archipel GULAG von Aleksandr Solženicyn 1973 als allgemeines Synonym für das singuläre stalinistische Arbeitslager. Obwohl die Schreibweise GULag in der wissenschaftlichen Literatur gebräuchlicher ist, werde ich mich der Einheitlichkeit halber im Folgenden der im Titel der Dokumentation *Miss GULAG* verwendeten Schreibweise anschließen.

Menninghaus, Winfried: Das Versprechen der Schönheit, Suhrkamp Verlag, Frankfurt am Main 2007.

Inhalt

Vorwort 5

TEIL I
Miss GULAG von Maria Yatskova
    1.1. Der Prolog 13
    1.1.1. Die Figuren 15
    1.1.2. Synopsis 15
    1.1.3. Angaben zur Produktion 17

    Rezeption des Films
    1.2. Internet, Presse und Radio 17
    1.2.1. Festivalteilnahmen und TV-Ausstrahlungen 20

    Das Frauengefängnis UF 91-9
    1.3. Der Drehort 21
    1.3.1. Der Alltag 21
    1.3.2. Der Schönheitswettbewerb 22

    Filmische Semantik
    1.4. Das Sujet nach Juri Lotman 23
    1.4.1. Semantische Ordnung der Räume 24
    1.4.2. Die Bühne als Transitraum 25

    Die „Dynamik" der Hauptfiguren
    1.5. Nataša 26
    1.5.1. Tatjana 27
    1.5.1.2. Tatjanas „Subjektivation" nach Judith Butler 30
    1.5.2. Julija 32
    1.5.2.1. Julijas „Doppelidentität" in Butlers Herr- Knecht- Dialektik 34

TEIL II
Literaturhistorischer Überblick mit Verweisen auf die Geschichte russischer Strafjustiz

    2.1. *Verbannung* und *katorga* als Mittel zarischer Siedlungspolitik 37

    2.2. Vom Aufklärungsanspruch und Instrumentalisierung in der Lagerliteratur des 19. und 20. Jahrhundert 38

Die zarische Lagerliteratur

    2.3. Anton Čechovs dokumentarische Reise auf *Die Insel Sachalin*.......... 41

    2.3.1. Die „Frauenfrage" auf Sachalin 42

    2.3.2. Unfreiheit als Kapital nach Pierre Bourdieu................................. 44

    2.4. Das Vermächtnis des Fedor Dostoevksij

    2.4.1. Die Abwesenheit der Frau in den *Memoiren aus einem Totenhaus* 47

    2.4.2. Die Frau als Medium der Resozialisierung in *Schuld und Sühne*..... 49

Die stalinistische Propaganda

    3.1. Der Umerziehungsgedanke in der sowjetischen Strafpolitik............... 52

    3.1.2. Der Kollektivroman Belomor von 1934 53

    3.1.3. Der GULAG als Ideal*topos*.. 54

    3.1.4. Die Hygieneerziehung der *Women at Belomorstroy* 55

    3.2. Die physische Auflösung der Helden

    3.2.1. Pavlova und das Erhabene 58

    3.2.2. Der androgyne Sowjetkörper 60

    3.2.3. Entgrenzung des Körperlichen in Nikolaj Ostrovskijs *Wie der Stahl gehärtet wurde* (1934) 62

    3.2.4. Die Disziplinierung zu einem *corpus sacrum*............................... 63

Die Sowjetische Lagerliteratur im Untergrund

    4.1. Die Grenzen der Entstalinisierung 64

    4.1.2. Die „Gegenöffentlichkeit" des *Samizdat* und *Tamizdat* 66

    4.2. Die weibliche Stimme

    4.2.1. Evgenija Ginzburgs *Marschroute eines Lebens* (1967) 69

    4.2.2. Weiblichkeit als Überlebensstrategie 70

    4.2.3. Die Maskierung des Häftlingskörpers 71

    4.2.4. Die männliche Rettung 75

    4.3. *„Die schwarze Mama"*

    4.3.1. Präsenz der Körperlichkeit bei Varlam Šalamov 77

    4.3.2. Die Schöpfung durch die diabolische Frau 78

Teil III
Nona, die geheime *Miss GULAG*

    5.1. Die Symbiose des schönen und des freien Körpers 81

    5.1.2. Die Adonis-Gestalt der „Miss Spring" 82

    5.1.3. Der salomonische Tanz der „Miss Spring" 86

    5.1.4. Die Appellschlange als *Danse macabre* 88

Nachwort
Zur postsowjetischen Identitätsfindung à la *Pussy Riots* 91

Literatur 95

TEIL I

Miss GULAG von Maria Yatskova

1.1. Der Prolog

Vor einem Hintergrund aus weißen Stickgardinen mit floralem Dekor steht eine junge Frau. Ihre rotbräunlichen Haare sind zu einem Dutt hochgesteckt, lockige Strähnen fallen ihr über die goldenen Ohrringe ins geschminkte Gesicht. Eine Perlenkette liegt auf ihrem breiten Dekolleté, das von pinken Rüschen umrahmt wird. Während ihre blauen Augen aufblitzen, verrät ihr rot geschminkter Mund:

> „A woman should stay beautiful not just outside the fence, but even in here she should show her beauty, not hide in these walls. A woman should be everything wonderful." (0:00:08)

Die Kamera fährt in die Totale: Die junge Frau steht auf einem Stuhl. Ihr pompöses Ballkleid wird zu ihren Füßen von drei älteren Frauen in Haushaltskleidern abgesteckt. Um sie herum sind an den Wohnzimmerwänden Grün- und Kletterpflanzen drapiert. Nach einer kurzen Pause folgt ein Ernsthaftes „Well... I'm in for assault." (0:00:26) und ein peinlich berührtes Lächeln.

Musik setzt ein und die Einblendung „Neihausen-Yatskova & Vodar Films present MISS GULAG" unterbricht für einige Sekunden den Prolog: Ein Beton-Lenin hinter horizontal verlaufenden Stromkabeln und vor einer wehenden sowjetischen Flagge blickt aufrecht in die Zukunft (00:00:51). In der nächsten Einstellung sieht man eine grüßende Lenin-Statue, die sich frei schwebend um 360° um die eigene Achse dreht und mit Hilfe eines Krans längs auf einen Lastwagenanhänger gebettet wird (00:00:53). Diese Zirkulation wird in der kreisenden Handbewegung des breit grinsenden Boris Jelzin wieder aufgenommen, der die Russlandflagge wie ein Lasso (00:00:59) über seinem Kopf herumwirbelt. Der Zwischentitel „After the Soviet Union dissolved in 1991, the new russia faced a wave of violence, poverty and drugs" (00:01:09) antizipiert den nun folgenden Strudel: Jelzin versucht vollkommen planlos, mit einem Dirigentenstock ein deutsches Polizeiorchester einzutakten (00:01:10). Drei aneinander gereihte Nahaufnahmen sichtbar orientierungsloser Alter (00:01:13) enden mit einem Reißschwenk nach unten auf einer Hand, in der für einen kurzen Moment eine Flasche aufblitzt. Aus erhöhter Kameraperspektive wird ein Balalaika spielender Junge gezeigt, der in der Menschenmenge auf einem Schemel sitzt und Geld in einer Konserve sammelt. (00:01:17) Der vertikale Sog kulminiert in einer horizontalen Bewegung: Von links wird einem Kommunisten auf einer Demonstration ins Gesicht geschlagen (00:01:20). Maskierte zerren einen Mann gewaltsam aus dem Auto und drücken ihn wie zur Festnahme an das Fahrzeug. Der Kopf des Mannes wird nach unten gedrückt (00:01:22). In der folgenden Einstellung wird ein Mann, der sich am Boden krümmt, von zwei Männern getreten. Ein dritter kommt wie als Passant hinzu und schließt sich ihnen an (00:01:24). Die Dominanz der Horizontalen wird noch einmal wiederholt: Zwei Männer ohrfeigen einander (00:01:26). Nach den Ohrfeigen treten die beiden zurück. Die Welle verebbt in einer Bilderserie eingeschlafener Männer am Brunnen, am Sockel eines Denkmals und am Ufer eines Flusses (00:01:31), an dem Polizisten die Orientierungslosen wecken.

Mit dem Biss eines Mannes in ein Brötchen beginnt die „Neue Ära" (00:01:33). Putin salutiert mit einem Gläschen Sekt vor einer goldenen Wand mit Blumenmuster (00:01:35). „Novosibirsk, Siberia Russia's third largest city. Population 1,4 million" wird auf einer schwarzen Zwischentafel eingeblendet und im Anschluss eine Stadtansicht mit dem Fluss Ob im Morgengrauen gezeigt. Es folgen Eindrücke der Stadt bei Sonnenaufgang: Ein Auto fährt an einem New York Pizza-Restaurant vorbei. Ein Bus wirbt mit „Choco-Pie". Die russische Flagge thront neben einem russisch-orthodoxen Kruzifix auf einem byzantinischen Kuppelbau. Männer in Uniformen gehen zur Arbeit, Menschen mit „D&G"-Taschen warten vor einer Coca Cola-Werbung auf den Bus, andere posieren für die Kamera unter Soldatenaufsicht auf einem Panzer. Pärchen trinken Bier, Frauen flanieren und amüsieren sich auf öffentlichen Plätzen. Die abschließende Totale vervollständigt das „Crescendo": Aus einer Menschenmenge ragt, der Zukunft zugewandt, der Beton-Lenin. (0:02:15) Die Straßenszene wird mit dem Morgenappell auf einem Gefängnishof überblendet. Der Zwischentitel klärt auf, dass sich die Zahl der Verurteilten seit 1991 verdoppelt habe und das camp UF 91-9 bei Novosibirsk eines von 35 Frauengefängnissen in Russland sei. Die Wärterin Natal'ja Vassilevna erläutert, dass es seit 1990 den jährlich stattfindenden Schönheitswettbewerb „Miss Spring" gibt, der es den Frauen ermögliche, sich auf ein Leben in Freiheit vorzubereiten. Die rothaarige Insassin im pinken Ballkleid, ebenfalls eine Natal'ja, ergänzt, dass die Wahl helfe, den Alltag im Gefängnis zu vergessen. Nach dieser einleitenden Sequenz werden Julija Lutsak und Tatjana Dasaeva als weitere Teilnehmerinnen der Misswahl eingeführt.

1.1.1. Die Figuren

Julija Lutsak, 23, ist wegen des Besitzes und Verkaufes von 0,3 Gramm Heroin zu vier Jahren Haft verurteilt worden. Aufgrund einer Fchlgeburt[4] ließ sich ihr Ehemann scheiden und verließ sie zugunsten ihrer besten Freundin. Julija ist in der Nähfabrik des Frauengefängnis UF 91-9 tätig, in dem sie die Position der Wärterin inne hat. Sie bekommt regelmäßig Besuch von ihrer Mutter.

Tatjana Daseva, 26, hat versucht, die Chefin ihres Bruders zu töten, da diese den Drogenkonsum während der Arbeitszeiten tolerierte. Nach dem Tod der Mutter ist Tatjana mit ihrem Bruder in einem Internat aufgewachsen. Sie arbeitet im Camp als Näherin. Sie wird vorzeitig entlassen und von ihrer Schwester und ihrem Vater abgeholt.

Nataša Patalachova, 28, hat versucht, den Dealer ihres an Heroin gestorbenen Freundes zu erschlagen. Nach der Hälfte ihrer knapp vierzehneinhalbjährigen Haft wurde sie entlassen. In Ermangelung einer bezahlten Arbeit leitet die Kasachin, die seit vierzehn Jahren auf ihren russischen Pass wartet, Kindertheateraufführungen.

1.1.2. Synopsis

Julija Lutsak und Tatjana Dasaeva sind in einer Fabrik des Gefängnisses beschäftigt, in der Militäruniformen genäht werden; Julija ist Aufseherin, Tatjana näht. Julija wurde wegen Heroinhandels zu vier Jahren Haft verurteilt. Tatjana verbüßt wegen eines Überfalls auf die Chefin ihres Bruders das achte Jahr in Haft. Beide bereuen ihre Taten nicht.

Julija wird regelmäßig von ihrer Mutter besucht. Zum Zeitpunkt der Tat war die Heranwachsende heroinsüchtig, was die Mutter mit der vorangegangenen Scheidung von ihrem Mann erklärt: Julija sei von ihrem Ehemann wegen „womens problems" (0:07:22) verlassen worden.

Nataša Patalachova lebt nach der Entlassung aus dem Camp UF 91-9 wieder in einem kleinen Dorf im Altai in Südsibirien, in das sie 1992 mit ihrer Familie aus Kasachstan geflohen ist. Sie hat sieben Jahre und fünf Monaten ihrer vierzehnjährigen Haftstrafe abgesessen. Nataša berichtet, dass sie aus Gewohnheit wie im Camp täglich um sechs Uhr aufsteht und sich einen Haushaltskittel über die Kleidung zieht. In der Haft hat sich Nataša in die Mitgefangene Katja verliebt, „she didn't let (her) break down as a human being". (0:19:08). Auch Tatjana gibt

---

4 Vgl. Yatskova, Maria: Beauty & Crime, Marie Claire, September 2006.

an, neugierig auf sexuelle Kontakte mit Frauen zu sein. Es wird ein verschämter Kuss zwischen ihr und einer Insassin auf dem Gefängnishof angedeutet.

Letzte Vorbereitungen für die Wahl der *Miss Spring* laufen. In den Kategorien „phantastische Gefängnisuniform", „griechische Göttinnen" und „Blumenball" werden selbst genähte Kostüme präsentiert. Vor den versammelten Teilnehmerinnen des Wettbewerbs betont Wärterin Natal'ja Vassilevna, dass das Gefängnis kein Ort für Frauen sei.

Nataša reist zum Wettbewerb an, um ihr Freundin Katja zu treffen. Weil sie keine russischen Papiere besitzt, ist es ihr sonst generell untersagt, Katja im Gefängnis zu besuchen. Sie darf ihr auch keine Post schicken. Im Schönheitswettbewerb stellt Julija einen schlichten pinkfarbenen Kittel vor, der sich schnell zu einer Hose umfunktionieren lässt. Tatjanas Gesicht ist mit goldenen Ornamenten geschminkt. Sie trägt ein goldenes Kleid mit Blumenmuster. Tatjana führt ein samtweißes Palettenkleid vor. Dabei lächelt sie verschämt und blickt mit gesenkten Lidern zu Boden. Eine schwarzhaarige Unbekannte tanzt in einem orientalisch anmutenden Kleid mit erhobenen Händen, präsentiert sich dann in einem Lilienkostüm, dessen Stehkragen die Form von weißen Blütenblättern hat, welche weit über ihren Kopf ragen. Ihre dunklen Augen halten den Blickkontakt mit der Jury, in der Natal'ja Vassilevna mit einem Wärter sitzt. Der Wärter überreicht Tatjana die Schärpe „Miss Charme". Natal'ja Vassilevna hängt einer Frau im Efeukostüm die Schärpe „Miss Grace" und der Schwarzhaarigen die Gewinnerschärpe „Miss Spring" um. Nataša bringt als ehemalige „Miss Spring" eine gesangliche Darbietung. Das Lied handelt von ihrem Freund, dem Wind, der sie so oft in ihren Träumen im Gefängnis, aber auch am Tag ihrer Entlassung nach Hause gebracht hat und immer wiederkehren wird. Alte und junge Frauen sind zu Tränen gerührt.

Die zur „Miss Charme" gekürte Tatjana wird zu einer Anhörung gebracht, auf der die Gefängnisleitung ihre vorzeitige Entlassung in Aussicht stellt. Julija hingegen wird noch ein weiteres Jahr in UF 91-9 verbringen. Gehüllt in ein Kopftuch, wird sie in der Gefängniskapelle gezeigt. Sie hofft, ihre Mutter nicht zu enttäuschen und, „that someplace far away, in a huge city, there are people that are not indifferent to the fate and outlook of a simple woman even if she's a convict"(0:52:15).

Tatjana wird zwei Wochen nach der Anhörung entlassen. Vor der Gefängnismauer warten ihre Schwestern und der Vater. Es wird mit Schaumwein angestoßen. Nataša partizipiert als Regisseurin eines Kindertheaters am öffentlichen Leben im Dorf. In einem Lied bedauert sie, das Glück der Freiheit nicht mit ihren Leidensgenossinnen aus der „Verbotenen Zone" teilen zu können. Sie hofft auf einen russischen Pass und darauf, die Zeit im Gefängnis eines Tages vergessen zu können.

1.1.3. Angaben zur Produktion

Die Regisseurin Maria Yatskova war beim Internetsurfen in einer „schlaflosen Nacht"[5] auf eine Notiz über die Miss-Wahl in dem sibirischen Frauengefängnis UF 91-9 gestoßen. Gemeinsam mit den Produzentinnen Irina Vodar, einer in New York lebenden Russin, und Raphaela Neihausen, deren Vorfahren aus Lettland stammen, bemühte sich die 1976 in Moskau geborene Film-Absolventin der New School for Social Research in New York um eine Drehgenehmigung in der Novosibirsker Anstalt.

Nachdem das Team das russische Justizministerium konsultiert hatte, wurde ihm gestattet, mit dem russischstämmigen Kameramann Grigorij Rudakov die Schönheitswahl und an einem weiteren Tag die Interviews mit den Frauen sowie Tatjana Dasaevas Anhörung zu drehen.

Im Frühjahr 2005 reiste das Filmteam nach Novosibirsk. Nach den zwei Tagen im Camp UF 91-9 verbrachte es noch einen weiteren Monat in Sibirien. Gedreht wurde in Pavino, der Stadt am Fluss Ob, in der Tatjana Dasaeva wohnt, sowie in der Ortschaft Voskresenka/Altai, in die es Nataša Patalachova und ihre Familie verschlagen hat.

Rudakov drehte auf Videoformat. Der Film enthält Archivaufnahmen von der ersten Schönheitswahl im Camp 1990 und dem Internat, in dem Tatjana Dasaeva den größten Teil ihrer Jugend verbrachte. Dazu kommen Bilder aus den Privatarchiven der Porträtierten. Neihausen-Yatskova & Vodar Films wurde von der *Ford Foundation Grant* und dem *Sundance Institute Documentary Grant* gefördert.

Rezeption des Films

1.2. Internet, Presse und Radio

Nach der Weltpremiere auf dem 57. Filmfestival Berlinale im Februar 2006 erfuhr der Film über einen Zeitraum von zwei Jahren eine kontinuierliche öffentliche Rezeption. Auch wenn dies vorwiegend im World Wide Web geschah, war der Wirkungskreis begrenzt.

Vorgestellt wurde *Miss GULAG* zumeist als gelungene Dokumentation postsowjetischer Lebensumstände[6]. Die meiste Nennungen aber erfuhr die Schön-

---

5 Ströbele, Carolin: *Modenschau im Gulag*, ZEIT ONLINE, Februar 2007.
6 Deutsche Welle Radio: Interview mit Maria Yatskova, 13.02.2007; Malone, Janice: Interview mit Irina Vodar, Film Festival Radio, 06.02.2009.

heitswahl. Subthemen wie Natašas Vertreibung aus Kasachstan oder die allgemeine Drogenproblematik in Russland seit 1992 blieben weitgehend unerwähnt. In einem Interview mit ZEIT ONLINE erklärte die als Fünfjährige mit ihrer Mutter von Moskau nach New York emigrierte Regisseurin Maria Yatskova, sie habe drei Frauen in verschiedenen Stadien der Inhaftierung porträtieren wollen. „Julija hat noch viele Jahre vor sich. Nataša befindet sich am Übergang zur Freiheit, ihre vorzeitige Entlassung wird gerade verhandelt. Tatjana schließlich lebt bereits in Freiheit, trägt aber immer noch den ganzen emotionalen Ballast aus ihrer Zeit im Gefängnis mit sich herum." Ihre Lebensumstände seien dazu angetan, das zu unterstützen: „Als meine Produzentin Irina sich den Ort ansah, aus dem Tatjana kam, rief sie mich an und sagte: ‚Du wirst es nicht glauben, aber hier sieht es genauso aus wie in dem Gefängnis.'" Im Übrigen hätten die Porträtierten nie eine „Reality-Show oder etwas Ähnliches gesehen."[7] In eine ähnliche Richtung ging die Bemerkung des Bloggers Jordan Yerman, die Frauen würden ohne jede Aussicht auf einen ökonomischen Erfolg an der Modenschau teilnehmen, was *Miss GULAG* zu einer „surrealen story" mache.[8]

BBC two ging näher auf die im Film erwähnte Entstehungsgeschichte von „Miss Spring" ein. Die erste Wahl 1990 sei mit Kostümen aus Plastiktüten bestritten worden. Die Gefängnisleitung habe sich dann für das eigenständige Nähen der Kostüme in den drei genannten Kategorien entschieden, um die freie Zeit der Frauen besser kontrollieren zu können. Aus Sicht der Teilnehmerinnen sei der Wettbewerb dennoch eine Möglichkeit, der Monotonie und dem strikten Regiment zu entfliehen. Als beinahe einzige Quelle strich BBC two den aufklärerischen Anspruch des Films heraus: Er fokussiere nicht die „Miss Spring", Nona Madjidova, sondern eine ehemalige Inhaftierte, Nataša Patalachova, die das Leben „outside" nur schwer ertrage.[9]

In einem Radio-Interview mit der *Deutschen Welle* äußerte sich Yatskova zur ursprünglichen Faszination an dem Stoff. Wesentlich sei der bildliche Kontrast gewesen, die „explosion of colour", mit der „aus den Gefangenen (einmal im Jahr) freie Individuen" würden. Während der Dreharbeiten sei sie von einem Gefängniswärter mit der eigenen Migrationsgeschichte konfrontiert worden:

> „He started sort of to interrogate me and asking me, where I am from, who my parents are, why we left, when we left. I mean everything short of my breath take. And only when he saw that I really get dangerous to go back to my shoot, he put on

---

7 ZEIT ONLINE.
8 Yerman, Jordan: You better work: *Siberian Prison Beauty Contest*, www.nowpublic.com, 12.03.2008.
9 BBC two online: *Siberian prison's beauty pageant*, This World, www.news.bbc.co.uk , 11.03.2008.

a very serious face and looked me straight in the eye and said: Maria, do you love Russia? "10

Die Produzentin und Koautorin Irina Vodar stellt in einem Interview mit dem *Film Festival Radio* fest, dass die Porträtierten nach einer Kindheit in relativer Geborgenheit den Zusammenbruch einer Gesellschaftsordnung erlebt haben. Daraus resultiere ihr Scheitern. Der Schönheitswettbewerb versetze sie nun mit Abstrichen in die Möglichkeit, sich als „Frauen ihrer Träume" gesellschaftlich zu rehabilitieren:

„In order to get early parole the ladies in prison have to show positive social activity. The ability to deal with the administration, the ability to follow the rules and the ability to successful cooperate with eachother. Beautycontest is one of those opportunities for them to show that they were successful integrated back into the society."[11]

Der Schönheitswettbewerb biete den Frauen die Aussicht auf eine vorzeitige Entlassung, fasst die Redakteurin Janice Marone zusammen.[12] Diese Tatsache ließ einen Blogger befürchten, westliche Produzenten könnten Reality-Shows im Format von „Big Brother" in Gefängnissen produzieren und damit den Sexismus der US-TV-Serie „Charlys Angels go to prison" aus den Achtziger Jahren aufgreifen.[13] Ein dritter Blogger fragte: „Or does the pageant emphasize the sexist idea that a woman is only valuable if she is pretty?" [14]

In der *Berliner Zeitung* betonte Peter Uehling, dass die Bezeichnung GULAG auf die Stalinzeit zurückgehe, im Vergleich zu dieser sei der russische Strafvollzug von weniger Willkür geprägt. Aber der Staat treibe seine Bürger mit „schlechten Ausbildungsmöglichkeiten, mangelnder Sozialstruktur und familiären Umständen in die Kriminalität", Fazit: „Hinter Gittern scheint die bessere Welt zu sein".[15] Dieser Vermutung schließt sich David Chater von *timesonline* an: „You would hardly describe it as a joyous occasion, but the prison does appear to be one of the more humane circles of hell."[16] BBC Radio

---

10 Deutsche Welle Radio.
11 Film Festival Radio.
12 Ebd.
13 Weinberger, Sharon: Miss Gulag: *Women compete in Russian Prison Peagant*, www.wired.com, 11.03.2008.
14 Dodai: Siberian *Inmates compete for Prettiest Prisoner*, www.jezebel.com, 24.03.2008.
15 Uehling, Peter: „Miss Gulag": *Hinter Gittern scheint die bessere Welt*, Berliner Zeitung online, 20.02.2007.
16 Chater, David: This World: *Miss Gulag; Hotel Babylon; The Poles Are Coming*; CSI, www.entertainment.timesonline.co.uk, 11.03.2008.

weist auf die soziale Ausweglosigkeit hin, vor deren Hintergrund sich der Film abspielt. 70 Prozent der Arbeitslosen in Russland seien Frauen.[17]

Allen Rezensionen hat Yatskova 2006 die Reportage „Crime & Beauty" in der Modezeitung *Marie Claire* vorangestellt. Als Autorin stellt sie hier Aspekte ihrer Dokumentation vor, geht dabei näher auf die Drogenproblematik im teilprivatisierten Russland ein, von der die Frauen in *Miss Gulag* alle zumindest mittelbar über Angehörige betroffen sind. Yatskova machte auf das Fehlen von Substitutionsprogrammen und Möglichkeiten psychischer Behandlung aufmerksam. Dem Schönheitswettbewerb im Knast spricht sie Eigenschaften einer kreativen Therapie zu.[18]

Künstlerisch-technisch kritisiert wurde *Miss Gulag* insgesamt nur sehr vorsichtig. Allein Paul E. Richardson lobte die bildnerischen Leistungen des Kameramanns Grigori Rudakov, stellte sie jedoch umgehend in Bezug zur stalinistischen Vergangenheit „of a grim archipelago". Er verglich die „shots of the adminstrators to the calm panning of the prisoners faces" mit Aufnahmen Sergej Èjzenštejns, und meinte, es gelinge der Regisseurin, „revealing details in an matter-of-fact-way [to capture], without judging."[19]

1.2.1. Festivalteilnahmen und TV-Ausstrahlungen

Im Februar 2006 hatte Miss GULAG auf dem 57. Filmfestival Berlinale in der Sektion „Panorama" Weltpremiere. In den folgenden drei Jahren wurde er auf diversen internationalen Festivals gezeigt. Miss GULAG gewann Preise beim *International Human Rigths Festival* in Moskau und dem Ismailia International Film Festival in Ägypten.

Darüber hinaus wurde die Dokumentation im amerikanischen und britischen Fernsehen ausgestrahlt (The Dokumentary Channel, nationwide, New York, Nashville und Denver, sowie BBC Two). Eine Publikation im öffentlichen russischen Fernsehen ist geplant. Der Sendetermin wurde mehrfach verschoben.[20]

---

17 BBC Radio: *Womens Hour – Women in Russian Prisons*, 06.11.2007.
18 Yatskova, Maria: *Beauty & Crime*, Marie Claire, Sept. 2006.
19 Richardsen, Paul E.: *Miss Gulag*, Russian Life Magazine, Sept. / Okt. 2010, S. 63.
20 Irina Vodar im Interview mit Janice Malone, Film Festival Radio, 06.02.2009.

Das Frauengefängnis UF 91-9

1.3. Der Drehort

Das Camp UF 91-9 ist in der Zeit des Filmes eines von 32 Frauenlagern in Russland. Es befindet sich 20 Meilen von der sibirischen Hauptstadt Novosibirsk entfernt und ermöglicht die Inhaftierung von bis zu 1.240 Sträflingen. Die Inhaftierten sind über 18 Jahre alt und stammen vorwiegend aus der Region südlich von Novosibirsk. 50 Prozent der Frauen sind wegen Drogenbesitz oder -handel inhaftiert. Der Entstehungszeitpunkt des Lagers ist ungewiss. Die Homepage www.prison.org sowie das historische Aufarbeitungsprojekt www.memorial.org verzeichnen hierzu keine Information. Der erste Vorsitzende und Direktor von UF 91-9, Sergej Buguev, reagiert nicht auf schriftlich eingereichte Fragen zur Lagergeschichte. Nach Angaben der Produzentin Irina Vodar hat das Camp im Anschluss an die Filmproduktion seinen Namen geändert.

Innerhalb der Mauern wurden ausschließlich der Gefängnishof, der Speisesaal, die Nähfabrik, das Büro von Julija Lutsak, der Schreibtisch der Wärterin, die Garderobe, der Saal mit Bühne und der Anhörungsraum gefilmt. Das Team stand unter permanenter Bewachung. Die Räume, die für die Filmproduktion zur Verfügung standen, sind aller Wahrscheinlichkeit nach „real", so Produzentin Vodar. Allerdings sei das Gerücht im Umlauf gewesen, die Tür zu einem „Gästebadezimmer", in dem eine Szene gedreht wurde, sei an restlichen Tagen verschlossen. Unweigerlich ließe sich also eine inszenierte Raumidee unterstellen.[21]

1.3.1. Der Alltag

Um die Exklusivität des in *Miss GULAG* dokumentierten Tags der Schönheitswahl zu unterstreichen, soll kurz der Gefängnisalltag wiedergegeben werden. Um sechs Uhr wird aufgestanden. Es folgen der Morgenappell auf dem Gefängnishof, das Frühstück im Gemeinschaftssaal und acht Stunden Arbeit in der Nähfabrik, in der Uniformen für die russische Armee angefertigt werden. Im Anschluss an das gemeinsame Abendessen verfügen die Frauen über zwei Stunden freie Zeit. In diesen Zeitraum fallen die Vorbereitungen für die Wahl der „Miss SPRING". Den restlichen Tag über beschränkt sich die Kommunikation auf das Notwendigste. Während der Arbeitszeiten und des Essens herrscht der Befehl zu schweigen. Gespräche über persönliche Angelegenheiten, die in einen

---

21 ZEIT ONLINE.

Konflikt münden könnten, sind generell untersagt.[22] Setzen, Aufstehen und andere Tätigkeiten werden befohlen. Auch in der freien Zeit ist es den Gefangenen verboten, einen von Markierungen auf dem Boden angezeigten Aufenthaltsbereich zu verlassen. Bei Zuwiderhandlung werden sowohl die Grenzgängerin als auch ihr gesamtes Regiment gemaßregelt. Persönliche Gegenstände und Hygieneartikel sind nur eingeschränkt erlaubt, Kosmetik, Lippenstift, Wimperntusche o.ä. verboten.

1.3.2. Der Schönheitswettbewerb

Der Kontest „Miss Spring" ist in die Kategorien „Phantasieuniformen", „Griechische Göttinnen" und „Blumenball" unterteilt. Es werden ausschließlich selbst genähte Kostüme präsentiert, so dass der Inszenierungsgestus zu einer immensen bildlichen Bedeutung dazu bei trägt.

Julija zeigt sich zuerst in einem fliederfarbenen Kittelkleid mit weißen Bündchen. Während sie mit dem Rücken zum Publikum in den Bühnenhintergrund geht, öffnet sie die Taillengürtel. In einer Drehung „lüftet" sie die vermeintliche Schürze und präsentiert die knielange Hose darunter (00:38:48). In ihrem zweiten Auftritt inszeniert sie sich als Appollon mit einem goldenen Lorbeerkranz auf dem Kopf und einer abrikotfarbenden Schärpe über der Schulter, unter der sie ein mit Perlenketten verhangenes weißes Kleid trägt. Sie hält einen goldenen Apfel in der Hand. Beim Blumenball erscheint Julija in einem engen beinlangen Rosenkostüm.

Tatjana wird zuerst im Dreiviertel-Profil gezeigt. Sie trägt ein ärmelloses, rosa-weißes Viskosekleid, auf das Lilien gedruckt sind. Ihre gegelten Haare sind hinten zusammengesteckt, ihre Augen mit fliederfarbenem Lidschatten geschminkt, auf die Wangen hat sie goldene Applikationen aufgetragen. Die linke Hand locker in die Hüfte gestützt, schreitet sie mit zielgerichtetem, sicherem Blick geradeaus auf die Rampe zu. Sie lässt zu beiden Seiten kurz die Hüfte schwingen, dann lächelt sie einen kurzen Moment und macht auf dem Absatz kehrt (00:39:00). Tatjanas zweiter Auftritt, bei dem sie sich in einem metallisch-silbernen Schutzpanzer sanft über die Bühne bewegt, den Blick unterwürfig nach oben gerichtet, wird von dem salomonischen Auftreten Nonas unterbrochen (00:39:46). Die auffällige Anonymität bzw. Eigenschaftslosigkeit der Gewinnerin der Misswahl wird an anderer Stelle dieser Arbeit kritisch hinterfragt.

---

22 Irina Vodar im Interview mit Lena Schiefler.

Die Kostümanfertigungen und Proben beginnen einen Monat vor dem Ereignis, inoffizielle Vorbereitungen zum Teil Monate vorher. Die Teilnahme am Wettbewerb ist freiwillig. Sie erhöht die Chancen der Frauen auf eine vorzeitige Entlassung und bringt sie „der Freiheit ein bisschen näher"[23], wie Natal'ja sagt. Dabei bietet die Bühne des Schönheitswettbewerbes einen quasi freien Raum, dessen Gegenstück der Gefängnishof von Camps UF 91-9 ist.

Filmische Semantik

1.4. Das Sujet nach Juri Lotman

Der russische Literatur- und Filmwissenschaftler Jurij M. Lotman (1922-1993) bestimmt in seiner Einführung *Probleme der Kinoästhetik* [24] die Figuren eines Textes bzw. Filmes in Abhängigkeit vom Raum. Im Folgenden soll untersucht werden, inwiefern die *Miss GULAG*-Protagonistinnen Tatjana und Nataša in Lotmans Sinne „dynamisch" sind. Ferner soll aufgezeigt werden, dass die „Unbeweglichkeit" der dritten Hauptfigur Julija aus der Hegelschen „Identitätsdoppelung" im Sinne Judith Butlers herrührt.[25] Während die beiden Grenzgängerin zwischen Freiheit und Unfreiheit den Gefangenenkörper überwunden haben, bleibt Julija ihrem „gefallenen Körper" verhaftet.

Als „Sujet" bestimmt Lotman „die Abfolge bedeutungstragender Elemente eines Textes, die dessen regelhaftem Aufbau dynamisch entgegengesetzt sind". Die Definition erschließt sich über die semantische Funktionalisierung von Räumen. Ein Film besetzt architektonische Räume mit Bedeutung. Das Sujet oder besteht in der Versetzung einer Figur über die Grenze eines solchen semantischen Raums.

> „Der sujetlose Text unterliegt also einer bestimmten Ordnung. Der sujethafte Text enthält im Gegensatz dazu ‚stets einen Fall', ‚ein Ereignis'. [26] Ein bestimmtes Modell der Wirklichkeit wird vorgestellt und durchbrochen. Die Frage lautet: Was ist geschehen?" [27]

---

23 STERN ONLINE
24 Lotman, Jurij: *Probleme der Kinoästhetik. Einführung in die Semiotik*, Syndikat, Franfurt am Main 1977.darin: Das Sujet im Kino, S.101-118.
25 Butler, Judith: Hegel's *Unhappy Consciousness* in: *The Psychic Life of Power*. Theories of Subjection, Stanford University Press, California 1997, S. 31-62.
26 Lotman: *Das Sujet im Kino*, S. 101-103.
27 Ebd., S.101.

Nach Lotman erklärt sich daraus „der revolutionäre Sinn sujethafter Erzählungen und die Bedeutung, die ein Konstrukt dieses Typs für die Kunst gewinnt."[28] Figuren eines sujetlosen Textes bleiben „unbeweglich" auf die Welt „als ein System von Verboten, eine Hierarchie von Grenzen (...) fixiert", während die „dynamischen" Figuren eines Sujets „die Grenze überwinden, deren Überschreitung für die anderen Helden unmöglich ist".[29]

„Gerade die Überschreitung einer Verbotsgrenze bildet das bedeutungstragende Element im Verhalten einer Person, d. h. das Ereignis. Da die Zweiteilung des Sujetraums durch eine Grenze ja nur die elementarste Form der Gliederung darstellt (viel häufiger haben wir es mit einer Verbotshierarchie unterschiedlicher Bedeutungshaltigkeit und unterschiedlichen Werts zu tun), wird die Durchbrechung der Verbotsgrenzen in der Regel nicht als einmaliger Vorgang, als Ereignis, sondern als eine Kette von Ereignissen, als Sujet, realisiert."[30]

1.4.1. Semantische Ordnung der Räume

An diesem Punkt stellt sich die Frage, inwiefern sich mit Lotmans Kategorien nun ein Sujet des Films Miss GULAG bestimmen lässt. Darüber hinaus scheint es interessant, ob es sich bei diesem um einen „sujetlosen Text" im Sinne Lotmans handelt? Vorderhand gibt es in dem Film zwei Arten architektonischer bzw. landschaftlicher Räume. Der überwiegende Teil der Aufnahmen stammt aus dem Inneren des Camps UF 91-9. Auf dem Gefängnishof treten die Inhaftierten zu Appellen an und haben Zeit zur eingeschränkt freien Verfügung. Außerdem werden die Näherei und gewissermaßen schulische Zimmer gezeigt, in denen die Gefangenen von Wärtern belehrt werden. Eine nicht repräsentierte Leerstelle sind die Gemeinschaftszellen mit den Schlafstätten und etwaige Arrestzellen, in denen bei besonderen Vergehen eine befristete Einzel- oder Isolationshaft zu verbüßen ist. Die semantische Funktionalisierung dieser Gefängnisräume ergibt sich wie von selbst. Ihre Funktion ist offensichtlich: Es handelt sich um Räume der Gefangenschaft.

Klar davon abgegrenzt sind die Räume außerhalb des Camps. Das ist zum einen die Straße vor dem Gefängnistor, an der Tatjana auf ihre Familienangehörigen trifft. Dazu kommen die Stadt, in die sie nach der Haft zurückkehrt, und die triste Ortschaft, in der Nataša ihr Dasein in – limitierter – Freiheit fristet. Hier sind ein Fluss und ein Lagerfeuer von besonderer Bedeutung, die Natašas Heimat rahmen, sowie die Bühne auf der Nataša Kinder

---
28 Lotman: *Das Sujet im Kino*, S.101.
29 S.o.
30 Ebd., S.102.

beim Theaterspielen anleitet. Eine Zwischenkategorie bilden Räume, die sich innerhalb der Anstalt befinden, aber auf ein Außen verweisen. Dazu zählen Büro- oder Verwaltungsräume, die exklusiv vom Gefängnispersonal genutzt werden, das allerdings mitunter einzelne Gefangenen – wie Tatjana – hierher beordert, um mit diesen beispielsweise einen Antrag auf Entlassung zu erörtern. Auch der Raum, in dem die Inhaftierten mit ihren hinter Plexiglas befindlichen Besuchern telefonieren, gehört zu dieser Kategorie. Und schließlich muss man noch den Saal mit der Bühne dazuzählen, auf der der Schönheitswettbewerb ausgetragen wird, der sich vom Häftlingsalltag so deutlich abhebt.

1.4.2. Die Bühne als Transitraum

Während es sich bei den Besuchs- und Verwaltungsräumen der Institution UF 91-9 um konstitutionelle Verbindungen zur Außenwelt handelt, ist der Veranstaltungssaal ein Transitraum der besonderen Art. Bei genauerer Analyse wird deutlich, dass, die Schönheitskonkurrenz nicht mit dem Außen verbunden ist – Teilnahme oder Gewinn sind nicht per se mit einer Verkürzung der Haft verknüpft, sondern eröffnen den Inhaftierten lediglich eine vage Aussicht. Dennoch ermöglicht die Bühne den Frauen ein Verhalten von relativ großer Freiheit bzw. nötigt ihnen dieses sogar ab. Kostümierung und Bewegungsmuster lassen sie nicht als autonome Subjekte erscheinen, aber doch als resexualisierte Objekte.

Im Häftlingsalltag sind sie Objekte der Anstalt. Sie funktionieren als Teil der russischen Strafjustiz. Die allgemeinen Regeln sind auf die Negation oder Nivellierung ihrer Individualität ausgerichtet. Das betrifft auch ihre – allenfalls gleichgeschlechtlich praktizierbare – Sexualität. Auf der Bühne ist dieser Zwang zur Unterschiedslosigkeit ins Gegenteil verkehrt. Der relative Freiheitsgewinn ist eklatant – nicht nur innerhalb der Gefängnismauern: Er steht auch in einem starken Kontrast zur „Gefangenschaft" der Protagonistinnen außerhalb der Haftanstalt. Nataša unterliegt ohne Pass und Arbeitserlaubnis der Residenzpflicht, und auch Tatjana scheint nur in ein etwas geräumigeres Gefängnis entlassen zu werden.

Es lässt sich zusammenfassend festhalten, dass der Film seine Räume semantisch paradox besetzt. Während sich im Inneren des Gefängnisses mit der Bühne ein Raum relativ großer Freiheit eröffnet, lässt die rhetorische Strategie die Räume außerhalb des Gefängnisses als relativ unfrei und begrenzt erscheinen.

Die „Dynamik" der Hauptfiguren

1.5. Nataša

Geht man von dieser Ordnung der semantischen Räume in Miss GULAG aus, ergeben sich für die Handlungsebene im engeren Sinne zwei Grenzüberschreitungen. Der Film vollzieht mit der „Zweiteilung des Sujetraums durch eine Grenze ja nur die elementarste Form der Gliederung"[31]. Als diese eine Grenze fungieren die Mauern des Gefängnisses. Die erste Grenzüberschreitung geschieht nach etwa einem Drittel des Films und ist im Sinne Lotmans von größerer Ereignishaftigkeit als die spätere zweite Szene (Lotman bestimmt ein Ereignis in „Semiotika kino" als „das, was es bisher nicht gegeben hatte oder nicht geben sollte"): Die vor sieben Monate aus dem Camp entlassene Nataša kehrt für den Schönheitswettbewerb freiwillig an den Ort ihrer Gefangenschaft zurück.

Vorbereitet wird diese Grenzüberschreitung mit langen Passagen, in denen Nataša ihrer Freude über diesen „unerhörten" Vorgang Ausdruck verleiht. Ihre Wiedersehensfreude bezieht sich vor allem auf die ehemalige Mitgefangene Katja, mit der sie im Camp liiert war. Natašas Idealisierung des Gefängnisses lässt die Tatsache in den Hintergrund treten, dass es sich nur um einen Besuch von einigen Stunden Dauer handelt. Was das Gefängnis für sie zu einer Heimat werden ließ, sind die prekären Umstände ihres Lebens in Freiheit. Bis 1992 lebte Nataša mit ihrer russischen Familie in Kasachstan. Als die Teilrepublik einen Autonomiestatus erlangte, wurde die Familie wie viele andere Russen ins sibirische „Nirgendwo" umgesiedelt, wie Natašas Vater in einem selbstkomponierten Lied singt: „... the grey boxcar to nowhere, down the length of the grey Siberian River." (0:28:34). Die folgenden zwölf Jahre verbrachte die Familie ohne jede geregelte Erwerbstätigkeit „in the middle of nowhere, beyond poverty level" (0:26:28). Seit der Umsiedlung hat die russische Regierung Nataša keinen Pass ausgestellt, der sie als russische Staatsbürgerin anerkennen würde. Sieben Monaten vor dem Filmdreh wurde sie entlassen. Seitdem weist sie sich mit ihren Entlassungspapieren aus – als ehemaliger Sträfling. Sie hat keine Arbeitserlaubnis, darf keine Wohnung mieten, nicht einmal Post ins Camp schicken. Pointiert gesagt, war sie in der Strafanstalt ein vergleichsweise fester Bestandteil des russischen Staatskörpers, außerhalb ist sie nichts. Im Ergebnis führt sie eine Existenz auf beiden Seiten jener Grenze, die den Sujetraum zweiteilt.

---

31 Lotman: *Das Sujet im Kino*, S.102.

Dieser dynamischen – treffender: schizoiden – Existenz entspricht Natašas Beschreibung des von ihr begangenen Verbrechens als Racheakt: ein Mordversuch an einem Dealer, der ihren geliebten Freund die tödliche Dosis Heroin verkauft haben soll. Der Mann überlebte durch einen Zufall. Etwa acht Jahre nach ihrer Bluttat erklärt Nataša im Film:

> „I felt so much rage, I put into every blow. I wanted him to cease to exist. Honestly I just wanted him to die like a dog. I did not intend to kill a man, but at that point I felt nothing, somebody had to answer for my lost." (0:16:10)

Der Zufall, der eine weitere Eskalation verhinderte, war das überraschende Auftauchen eines kleinen Kindes. Dessen Frage, wer sei seien, beantwortete Nataša, die wie ihre Begleiter maskiert war, in der Erinnerung mit:

> „Don't be scared. We are the Ninja Turtles." (0:17:05)

In dieser Aussage wird deutlich, dass sich Nataša die kollektive Identität aus einer im postsowjetischen Russland sehr populären TV-Serie leiht. Die „Ninja Turtles" sind gepanzerte, kampferprobte Wesen, die außerhalb des Gesetzes für Recht und Ordnung eintreten. Sie leben in der Kanalisation. Mutmaßlich entspricht Natašas Selbstwahrnehmung, ihr Körpergefühl, aus erwähnten Gründen tatsächlich dem einer tricktechnisch animierten, nur in der Gruppe überlebensfähigen Schildkröte.

1.5.1. Tatjana

Die zweite Grenzüberschreitung ist die vorzeitige Entlassung Tatjanas gegen Ende des Films. Sie ist weniger ereignishaft im Sinne Lotmans, da es sich um ein konventionelles, fremdbestimmtes Prozedere handelt.

Bei der Anhörung befindet sich Tatjana wie bei der Schönheitskonkurrenz zuvor in einer Prüfungssituation auf einer Bühne. Auffällig ist die Diskrepanz ihrer Erscheinung. Bei der Miss-Wahl stellten Kleider und Gesten ihre Weiblichkeit heraus. Auch ihre Mimik war auf Steretoypen weiblicher Koketterie abgestellt (Blick von unten, Augenaufschlag). Bei der Anhörung erscheint sie im Gegensatz dazu als „graue Maus" – und das bewirkt nicht nur ihre Häftlingskluft. Ihren Körper hält sie diszipliniert aufrecht, ihren Blick dagegen gesenkt. Sie gibt ein- bis fünfsilbigen Antworten und erscheint vollends von Gehorsam erfüllt gegenüber den Autoritäten, die über ihre Entlassung zu befinden haben. Wiederholt spricht Tatjana im Film über die Anpassungsleistungen, die ihr die Haft abnötigt, und stellt dabei ihr widerständiges Potential heraus.

„Rules, rules, rules, rules! Imagine a guard saying to you ‚Get up! Move over!' And you want to curse them out, but you try to keep quite and avoid violations, because you want early parole to get back to your family! " (0:22:32)

Im Zusammenhang mit der Zwangsarbeit in der Nähfabrik, in der Armeeuniformen produziert werden, sagt sie:
„Imagine somebody tells you you have to work in this sewing machine? But I can't work on a sewing machine. I'll explode at any moment and they'll lock me up. " (0:20:56)

Zur Abneigung gegenüber der maschinellen Arbeit im Allgemeinen scheint hier eine besondere gegenüber dem Nähen als einer „Frauenarbeit" zu treten. Dennoch nimmt Tatjana an der Miss-Wahl teil, was zur Voraussetzung hat, dass sie in ihrer karg bemessenen Freizeit jene drei Kleider selber näht, die sie dann auf der Bühne vorführt. Tatjanas Selbstwahrnehmung entspricht dabei bis zu einem gewissen Grad der Theorie vom Gefängnis als einem paradigmatischen Bestrafungsmodell im Sinne Michel Foucaults. Demnach wird die Identität des Menschen durch die äußere Einwirkung einer Autorität gebildet. Diese „Einschreibung" in den Körper sei gleichermaßen unterdrückend und produktiv. Dabei geht es Foucault um unfreie Räume, Gefängnisse, aber auch öffentliche Institutionen wie z.B. Schulen, in denen das gefangene Subjekt sich einer bestimmen Klassifizierung beugen muss, um zu existieren. Das staatliche System, das sich durch einen Überwachungsapparat selbst reguliert, hinterlässt „signes" im Individuum und formt somit einen disziplinierten Körper.[32]

Tatjana hat eine genaue Kenntnis von den „Spuren", die dieses Modell in den „Gewohnheiten ihres Verhaltens" hinterlassen haben soll. Sie ist sich der intendierten Disziplinierung ihres Körpers sehr bewusst und akzeptiert zumindest vorgeblich dessen Umformung zu einem „fügsamen", „gelehrigen" und „produktiven" Subjekt[33]. Von Auswirkungen der Dressur oder Normierung spricht sie dabei nur gegenüber dem Filmteam, keinesfalls aber gegenüber dem Gefängnispersonal. An einer Stelle zieht sie im Film den Foucaultschen Vergleich des Camps mit dem Internat ihrer Kindheit. Nach dem Tod der Mutter, den sie auf deren Alkoholismus zurückführt, übernahm sie früh die Verantwortung für ihren jüngeren Bruder.

„They sent me and my brother to a state boarding school. It all starts here. There are counselors but no parents. So kids get wild, out of control. They can get away with things when no one is looking. And it becomes a habit. Here it reminds me of that school. " (0:12:38)

---

32 Vgl. Foucault, Michel: *Surveillance et punir. Naissance de la prison.* Editions Gallimard, Paris 1975.
33 Ebd., S. 134 und S. 140.

Dieser Vergleich bezieht sich vordergründig nicht auf die Disziplinierungsmechanismen der zwei Institutionen, sondern auf deren Unzulänglichkeit. Beide Einrichtungen sind Tatjana sozusagen „zu weit entfernt" von der „Perfektionierung der Machtausübung" in Jeremy Benthams „Panopticon"[34]. Die Überwachung ist ihr in beiden Fällen zu lückenhaft und nicht total genug. Zwar fällt es ihr schwer, sich den Disziplinierungsmechanismen zu unterwerfen, gleichzeitig scheint sie aber die gesellschaftliche Notwendigkeit dieser Machtausübung verinnerlicht zu haben, die mit Foucault darin besteht,

„de rendre plus fortes les forces sociales – augmenter la production, developer l'économie, répandre l'instruction, élever le niveau de la morale publique; faire croitre et multiplier." [35]

Mit dieser Ambivalenz korrespondiert auch das Verbrechen, das zu Tatjanas Verurteilung führte und von ihr explizit nicht bereut wird. Es handelt sich um einen gewaltsamen Überfall auf die Leiterin der Tankstelle, bei der ihr Bruder angestellt war. In Tatjanas Perspektive hat das Opfer seine Aufsichtspflicht verletzt:

„No not because of the money, no. We got into an argument with the manager of the gas station. My brother worked there with other boys, fueling cars, helping out. I asked the manager to keep an eye out of their safety, but she didn't care what they got into-doing drugs, snorting stuffs... I warned her three times. So that's how it happened. According to the law we shouldn't have done it that way, but inside I believe I was right." (0:14:27)

Die hier beschworene Gefährdung des jüngeren Bruders durch den an dessen Arbeitsplatz nicht sanktionierten Drogenmissbrauch verweist auf den Alkoholtod der Mutter und damit auch auf den Prolog des Films, in dem einige Alte, offenkundig jedes sozialen Zusammenhangs beraubt, „an der Flasche hängen". Die Chefin des Bruders ist ihrer Verantwortung nicht nachgekommen, diesen am Arbeitsplatz zu disziplinieren. So begründet Tatjana den Akt gewaltsamer Selbstjustiz. In ihrer Reuelosigkeit stellt sie sich über ein Recht, das den jüngeren Bruder nicht schützt – eine Rolle, die gerade im Zusammenhang mit der Ausübung körperlicher Gewalt klassischerweise dem Vater oder älteren Bruder zukäme. Dieses Verhalten legt nahe, dass Tatjana die Abwesenheit dieser Familienmitglieder überkompensiert.

---

34 Foucault: *Surveillance et punir*, S. 179-229.
35 Ebd. S. 209.

1.5.1.2. Tatjanas „Subjektivation" nach Judith Butler

Auf ihrem Weg durch die Institutionen hat Tatjana moralische Werte und Normen übergründlich internalisiert. Das lässt an die Subjektwerdung als Gewaltakt[36] denken, eine Theorie, die Judith Butler in Anlehnung an Foucault und Louis Althusser entwickelt hat. Nach Butler wird das Verlangen, sich sozialen Normen zu unterwerfen, im Prozess der Subjektwerdung erzeugt, weil soziale Existenz anders nicht zu erlangen sei. Das Gewissen sei in dieser Lesart keine „Selbstbeschränkung", sondern eine „Möglichkeitsbedingung der Subjektbildung", schreibt Butler in „Psyche der Macht".

Ihr hier entwickeltes Konzept der „subjection" basiert wesentlich auf Louis Althussers Theorie von der „Anrufung". Althusser bezieht sich auf den französischen Ausdruck „interpellation", der eine vorübergehende Festnahme zur Überprüfung Tatverdächtiger bezeichnet.

„If we accept that the scene is exemplary and allegorical, then it never needs to happen for its effectivity to be presumed," [37]

Butler erhebt diese Anrufung in den Rang einer diskursiven Produktion des sozialen Subjekts. Die Ambivalenz dieses Vorgangs ist ihr zufolge in einem Althusserschen „oder" aufgehoben.

„Althusser writes that ‚the school... teaches ‚know-how' [skills; des 'savoir-faire']... in forms which ensure subjection to the ruling ideology [l'assujetissement à l'idéologie dominante] or [ou] the mastery of its ‚practice'". This submission to the rules of the dominant ideology leads in the next paragraph to the problematic of subjection, which carries the double meaning of having submitted to these rules and becoming constituted within sociality by virtue of this submission."[38]

Butler weist daraufhin, dass diese „subjection" schon bei Althusser auf eine „*mis*recognition, a false and provisional totalization" hinausläuft, da sie nie die Gesamtheit der möglichen Identitäten berücksichtigt.[39] Dennoch sei es unhintergehbar,

„that the 'I' itself is dependent upon its complicitous desire for the law to make possible its own existence. A critical review of the law, will not, therefore, undo the force of conscience unless the one who offers that critiques is willing, as it were, to be undone by the critique that he or she performs." [40]

---

36 Butler, Judith: Althusser's Subjection in: The Psychic Life of Power. Theories of Subjection, Stanford University Press, California 1997, S. 106-131.
37 Ebd., S. 106.
38 Ebd., S. 116.
39 Ebd., S. 112.
40 Ebd., S. 108.

Davon ist zumindest Tatjana sehr weit entfernt. Doch Butlers Text ist noch in einem anderen Zusammenhang für das Verständnis der Figur aufschlussreich. Die Zwangsheterosexualität wird darin als eine „Kultur der Geschlechtermelancholie" vorgestellt, die Spuren nicht betrauerbarer Liebe in sich trägt, da sie auf der Verwerfung und Verleugnung homosexueller Objektbeziehungen gründet.[41] Diese Verwerfung aktualisiert sich durch die Zuschreibung von Rollenklischees. Tatjana erinnert sich daran, in früher Kindheit Probleme mit der Kleidung gehabt zu haben, mit der sie von ihrer Mutter als Mädchen ausstaffiert werden sollte.

„T-shirts, undies, pantyhouse - I just hated them, and got scolded all the time...
The moment mum turned away I took off all my clothes and ran around naked. "
(0:11:43)

Es gibt im Film auch keinen Hinweis auf eine heterosexuelle Beziehung Tatjanas, was ins Gewicht fällt, da die Verbrechen der anderen beiden Hauptfiguren aus eben solchen Beziehungen bzw. deren tragischen Ausgängen heraus erklärt werden. Die Haft eröffnet Tatjana – wie auch Nataša – die Möglichkeit der gleichgeschlechtlichen Liebe. Auf dem Gefängnishof steht sie mit einer Mitgefangenen in vermeintlich zärtlicher Zuneigung. Tatjanas Stimme erklärt im Off:

„A woman wins you over with tenderness, like a mother, more than a man ever would. " (0:21:38) [42]

Konträr zur zwangsheterosexuellen Außenwelt ist die gleichgeschlechtliche Liebe in diesem Frauengefängnis die einzig mögliche. Männer treten nur als unerreichbare „Juroren" von Schönheitswettbewerben oder Anhörungen in Erscheinung, in denen über vorzeitige Entlassungen entschieden wird. Als Tatjana schließlich vor das Tor tritt, trägt sie ganz jungenhaft einen ausgebeulten Trainingsanzug, wirkt abgemagert und überhaupt nicht fraulich (00:52:53).

Nicht von der Hand zu weisen ist der Vorwurf Christine Hauskellers in „Das paradoxe Subjekt", Foucaults physisch-materialistisches Subjekt werde bei Butler zu einem „allgemeinen psychischen Prozess [der Subjektivierung] mit materiellen Nebenwirkungen"[43]. „Bei Verbrechern ist klar, dass ihre Handlungsfähigkeit nicht erst aus ihrer

---

41 Butler, Judith: *Melancholy Gender/ Refused Identification* in: Butler, Judith: *The Psychic Life of Power. Theories of Subjection*, Stanford University Press, California 1997, S. 132-150, hier: S. 132.
42 Vodar bezeichnet die lesbischen Beziehungen „as a sort of frivolous experimentation. She [Tatjana, L.S.] wanted to know what's different about being a man as opposed to being with a woman."
43 Vgl. hierzu Christine Hauskeller: *Das paradoxe Subjekt*, S. 182. in: Schinkel, Sebastian: *Die Performativität von Überlegenheit, Zu Judith Butlers Kritik des souveränen Subjekts*,

Individuierung und Disziplinierung im Gefängnis entspringt", führt Hauskeller aus. Butlers frühkindliche Subjektivierung sei offenkundig nicht mit dem Prozess identisch, den Foucault als Disziplinierung beschreibt.

„Der abstrakt allgemeinen Erklärung Butlers mit Freud steht also eine konkret historisch verortete Foucaults gegenüber, die anthropologische Unterstellungen so wenig in Anspruch nehmen muss wie allgemeine Hypothesen über strukturelle innerpsychische Verläufe."[44]

Sich in Distanz zum eigenen Körper mit „Rollenwechseln" totalitären Machtansprüchen zu fügen, gelingt sowohl Nataša als auch Tatjana. Obwohl dies mit dem Teilverlust ihrer Identitäten einhergeht, ermöglicht diese Form von „subjection" die entscheidende räumliche Bewegung von Freiheit in Unfreiheit und umgekehrt.

1.5.2. Julija

Die Regisseurin Maria Yatskova begründete die Auswahl der drei Portraitierten einmal mit dem Ziel,

„to have a triptych – one woman has to go through this prison experience and is already in freedom, one woman we're following who is possibly on the brink of her release in freedom, one woman who is stuck there. So we catch each one at a different point in their lives, but the experience as a whole is something they all go through."[45]

Begreift man diese dramaturgische Anordnung als Altarbild[46], lassen sich die beiden dynamischen Figuren der „sujethaften" Textebene mit den Inhalten der beiden Außentafeln gleichsetzen. Julija steht mit ihrer Nicht-Entwicklung auf der Mitteltafel im Zentrum. Sie verkörpert den Anfang aller Figuren, das Leben unter der Bedingung der Unfreiheit („the experience"). Julija hat von allen die geringste Aussicht auf eine Anhörung und damit eine frühzeitige Entlassung. Scheinbar ergibt sich die Unmöglichkeit einer Rehabilitation aus ihrem früheren Drogenkonsum. In der Erklärung, die Julijas Mutter für diesen Konsum hat, sind der weibliche und der kranke Körper miteinander verknüpft:

---

in: Wulf, Christoph (Hg.): *Berliner Arbeiten zur Erziehungs- und Kulturwissenschaft*, Bd.21, Christo Logos Verlag, Berlin 2005.
44 Zitat Hauskeller nach Schinkel: *Die Performativität von Überlegenheit*, S. 27.
45 www.missgulag.com / Miss GULAG Directors FAQ's
46 Siehe zu diesem Thema Lankheit, Klaus: *Das Triptychon als Pathosformel*, in: *Abhandlungen Heidelberger Akademie der wissenschaftlichen Philosophie*, Heidelberg 1959.

„She was nineteen. Married for three months to Vanya, and that was the whole marriage. One day Julija went to hospital, for women's problems. Vanya came once, and then never came again in three months. Julijas girlfriend moved in with Vanya. It was her best friend." (0:07:18)

Was genau mit „women's problems" gemeint ist, bleibt im Film ungewiss. Während der weibliche Körper per se traditionell lange mit Krankheit in Verbindung gebracht wurde – eine gebärende Frau wird schnell zu einer Patientin – stützt sich im klinischen Wortgebrauch der Ausdruck „women's problems" auf gynäkologische Komplikationen: Menstruationsbeschwerden, Entzündungen der Gebärmutter oder Eierstöcke, Schwangerschaftsabbrüche, Fehlgeburten oder Brusterkrankungen.[47] In neurologischer Hinsicht könnte die Umschreibung auch psychische Erkrankungen meinen. Zwar hat Sigmund Freud mit seinen Studien versucht, die Hysterie von der Zuordnung zum weiblichen Geschlecht zu lösen, dennoch werden noch heute Depressionen, Magersucht oder gewisse neurotische Auffälligkeiten wie etwa zwanghafte Verlustangst als „typisch weibliche Probleme" kategorisiert, wohingegen Alkoholmissbrauch und Aggressionen verstärkt dem männlichen Geschlecht zugeordnet werden.[48] Julijas Mutter führt die Drogensucht der Tochter auf deren Scheidung zurück, die mit dem Krankenhausaufenthalt zusammenfiel. Die Ursache des Übels wird in Julijas weiblichkrankem Körper gesucht. Auf das Stadium des fragilen Körpers im Krankenhaus folgt die Selbstzerstörung durch Drogensucht. Dagegen verspricht die Fürsorge, die Julija ihrem Körper in der Vorbereitung auf den Schönheitswettbewerb angedeihen lässt, auch eine psychische Stärkung. Julija hofft auf ein stärkeres Selbstbewusstsein nach der Wahl. (0:41:34)

Sowohl die Wärterin von UF 91-9 als auch die inhaftierte Natal'ja im pinken Kleid zu Beginn des Filmes betonen, dass Kriminalität und Schönheit nicht miteinander in Einklang zu bringen sind. Die Überlegung, der schöne Körper sei immer ein moralischer und stünde im Einklang mit der Seele, geht zurück auf die alttestamentarische Vorstellung des unschuldigen, reinen und unbefleckten Körpers. Dem Prinzip des erhobenen Hauptes bzw. Körpers, der die Verbindung mit dem Himmel als Idealordnung – bildlich auch als Dreieck – aufrecht hält, steht der sündige, in sich gebeugte, also gefallene Körper gegenüber.[49]

---

47 Gahlung, Ute/ Gesellschaft für Neue Phänomenologie (Hg.): *Phänomenologie der weiblichen Leiberfahrungen*, Verlag Karl Alber, München 2006, S. 638 ff.
48 Vgl. hierzu: Logue, W. Alexandra: *Die Psychologie des Essens und Trinkens*, Wiss. Buchges. Darmstadt 1995.
49 Vgl. hierzu: Siegmund, Gerald: *Abwesenheit. Eine performative Ästhetik des Tanzes*, Willliam Forsythe, Jérôme Bel, Xavier Le Roy, Meg Stuart. Transcript Verlag Bielefeld, 2006, S.61, 62.

Zu Besuch im Gefängnis, beharrt die Mutter gegenüber der Tochter auf der Möglichkeit, diese könne ihre Gesundheit durch die Umarmung eines „big strong tree" (0:10:37) wiederherstellen. Zwischen dem „gefallenen Körper" der Tochter und dem Baum, der als Baum des Lebens wie auch der Erkenntnis interpretiert werden kann, steht die Eva als die erste Frau als sündiges Wesen.

Während Tatjana eine sexuelle Beziehung mit einer Frau eingeht, und Nataša in der Intimität mit Katja emotionalen Halt fand, hat Julija keine Bezugsperson im Gefängnis. Moralische Unterstützung erfährt sie im orthodoxen Gottesdienst der Gefängniskapelle und in der innigen Beziehung zur Mutter. (0:51:31) Die dramaturgische „Unbeweglichkeit" der Figur Julija findet ihre Entsprechung in dem im alttestamentarischen Sinne unwiderruflich unreinen Körper. Das macht sie als Mittelpunkt im Triptychon der Hauptfiguren aus.

1.5.3.1. Julijas „Doppelidentität" in Butlers Herr- Knecht- Dialektik nach Hegel

Während die Hauptfiguren Tatjana und Nataša die zentrale semantische Grenze des Films leibhaftig überschreiten, ist Julija zugleich Gefangene und Mitarbeiterin von UF 91-9. Mit Hilfe von Judith Butlers Untersuchung *Hegel's Unhappy Conscoiusness* soll geprüft werden, inwiefern Julijas widersprüchliche Doppelidentität einer „Räumung des Körpers" entspricht.

Zwar verwirft Butler zu Beginn von *The Psychic Life Of Power* Hegels Ausführungen zur dialektischen Identitätsfindung, dennoch zeigen die Subjektbildung durch Unterwerfung, die Selbsterkenntnis der Knechtschaft und die Negation des Knechtkörpers durch den Herrn wesentliche Punkte der „subjection" auf, die für eine Untersuchung zu Julijas nach biblischer Vorstellung „gefallenen Körper" hilfreich sein könnten. Während es Tatjana und Natašas „dynamischen" Körpern gelingt, in Opposition stehende Räume zu überwinden, fällt Julijas „Verhaftung" in der unfreieren Körperlichkeit auf.

In Hegels Gedankenexperiment von 1807, auf das sich Butler hier beruft, geht es um die Begegnung des ersten quasi vorzivilisatorischen Menschen mit einem zweiten, ebenfalls geschichtslosen Menschen. In diesem Ur-„Kampf auf Leben und Tod um Anerkennung" stellt sich die grundlegende Komponente für den Freiheitsbegriff heraus. Derjenige nimmt die Position des Herrn ein und gewinnt damit seine Freiheit, der durch die Verachtung des Todes und die „Höherbewertung von Anerkennung" auffällt. Dabei betont Hegel die gegenseitige Abhängigkeit der sich herauskristallisierenden Parteien: Zwar ist die Identität des Knechtes („Für-andere-sein") durch die Unterwerfung unter den Herrn („Fürsich-sein") entstanden, jedoch ist der Herr in seiner Existenz wiederum an die Anerkennung durch den Knecht gebunden.[50]

Aus der unauflöslichen Dialektik von Herr und Knecht, dessen Freiheit durch die Selbsterkenntnis des „Für-andere-Seins" in „self-enslavment" münde, ergibt sich für Butler folgende Annahme:

> „It involves splitting the psyche into two parts, a lordship and a bondage internal to a single consciusness, whereby the body is again dissimulated as an alterity, but where this alterity is now interior to the psyche itself."[51]

In Bezug auf *Miss GULAG* stellt sich die Frage, wie sich diese dialektische Identität in der Psyche der portraitierten Julija bemerkbar macht. Zum einen ist sie Häftling in UF 91-9, zum anderen Wärterin in der Näherei des Camps. Julijas Körper ist demnach doppelt unterworfen. Als Gefangene des russischen Staates im Frauenlager befindet sie sich in der untergeordneten Rolle des Knechtes. Sie führt die Macht des Staates aus, in dem sie eben Gefangene ist, die einerseits die Haftstrafe verbüßt, andererseits als Gefängnispersonal arbeitet und damit der staatlichen Macht ihren Körper leiht. Indem sie als Fabrikaufseherin tätig ist, nimmt sie aber auch eine Mittlerrolle zwischen Gefangenen und Machtinstitution ein.

> „I make sure they get the materials and get the job done. And that the qualitiy is good and delivered on time." (0:20:41)

Diese Form der Machtausübung ist nicht als Wille des Subjekts zu verstehen. Vielmehr wird Julijas Körper zu einem Ort, an dem beide Bewusstseins zusammenfließen. Ihr eigentlicher Körper verschwindet und wird „indirectly as the encasement, location, or specificity of consciousness".[52] So wie sich die Arbeit des Herrn in den Körper des Knechtes einschreibt, so verleugnet der Knecht den mimetischen Status dieser Arbeit. Dennoch erfolgt die Überschreibung der Signatur des Knechtes durch den Herrn.

> „The bondman's fear, then, consists in the experience of having appears to be his property expropriated. In the experience of giving up what he has made, the bondman understands two issues: first, that what he is embodied or signified in what he makes, and second, that what he makes is made under the compulsion to give it up. Hence, if the object defines him, reflects back what he is, is the signatory text by

---

50 Hegel, Georg Wilhelm Friedrich: *Selbstständigkeit und Unselbstständigkeit des Selbstbewusstseins; Herrschaft und Knechtschaft*. In: Hoffmeister, Johannes (Hg.): *Phänomenologie des Geistes*, Sämtliche Werke, Band V, in: Philosophischen Bibliothek Band 114, 6. Auflage,
Felix Meiner Verlag, Hamburg 1952, S. 141-150.
51 Butler: *Hegel's Unhappy Consciousness*, S. 42.
52 Ebd., S. 34.

which he acquires a sense of who he is, and if those objects are relentlessly sacrificed, the he is a relentlessly self-sacrificing being. He can recognize his own signature only as what is constantly being erased, as a persistent site of vanishing […] His signature is an act of self-erasure […] that this is a socially compelled form of self-erasure."

Anders als die anderen Protagonistinnen des Schönheitswettbewerbs, Tatjana und Nona, tritt Julija einzig in der Kategorie „Uniformen" in Erscheinung (00:38:35). Auch auf bildlicher Ebene erfolgt also die Subjektivation auf Kosten des Körpers. Julijas Verharren im Knechtsein findet nicht über das Stadium der Selbstnegation hinaus zu einer freien Identität. Sie verharrt in einer religiösen Selbstgerechtigkeit, die sich durch ihre Reflexivität selbst terrorisiert.[53] Ihr Körper ist Signifikant der Macht geworden.

Mit der Aufgabe dieser Doppelidentität würde Julija sich zwar aus ihrer „Unbeweglichkeit" herauslösen, vielleicht sogar den Schönheitswettbewerb gewinnen und ein größeres Maß von Freiheit erreichen, allerdings nur auf Kosten eben ihrer stabilen, unfreien Identität. Im Bewusstsein, das eine Wiederherstellung des präjustiziablen Zustandes unmöglich ist, verharrt Julija in der „Hülle" des Knechts. Dagegen überwinden Nataša und Tatjana als „dynamische" Figuren des Filmes die räumlichen Grenzen von Camp und Freiheit.

---

53 Butler: *Hegel's Unhappy Consciousness*, S. 24.

TEIL II

Literaturhistorischer Überblick mit Verweisen auf die Geschichte der russischen Strafjustiz

2.1. Verbannung und *katorga* als Mittel zarischer Siedlungspolitik

Um die Signifikanz der drei Hauptfiguren in Miss GULAG als Produkt einer kulturellen Entwicklung lesen zu können, soll nun die Bedeutung der Frau in der zarischen und sowjetischen Lagerliteratur untersucht werden. Hierzu sollten die zarische Strafpolitik als auch der rechtshistorischen Umbruchs in Folge der Oktoberrevolution 1917 berücksichtigt werden. Aus der Sicht des 21. Jahrhunderts erinnert die Bezeichnung Lager weniger an Gefängnisse als Orte der Vernichtung, was die Zwangsarbeitslager unter Stalin auch sekundär waren.

Sträflingskolonien waren kein besonderes Kennzeichen allein des russischen Strafsystems. Frankreich deportierte seit 1794 Gefangene nach Ostafrika, England verschickte sie bis 1865 in das mehr als 15.000 Kilometer entfernte Australien. Im Gegensatz zu den Lagern dieser Kolonialmächte waren die sibirischen Lager, die sich unter Zar Peter dem Großen (1682-1721) verstärkt zu füllen begannen, Binnenkolonien. Die meisten Strafen wurden in Bezug auf religiöse oder politische Vergehen verhängt.[54]

Das russische Justizsystem sah verschiedene Straf- und Internierungsformen vor. Unter Verbannung („ssylka") ist die Ausweisung aus dem Zarenreich oder einer Region desselben zu verstehen, mit der meist keine weiteren Auflagen verbunden waren. Deportation („poselenie") bezeichnet dagegen die Verschickung an einen bestimmten Ort. Mit dieser ging in der Regel die Zwangsarbeit („katorga") und eine drastische Einschränkung der Freiheitsrechte einher. Bereits im 16. Jahrhundert unter Iwan IV. (1530-1584) begann die Kolonialisierung Sibiriens. Für die Errichtung von Handelsstützpunkten mit den dafür benötigten Festungen, Anlegestellen an Flüssen, Straßen und städtischen Siedlungen, brauchte es Arbeitskräfte. Was entstand, war „das größte Gefängnis der Welt". Im gleichnamigen Buch beschreibt Elżbieta Kaczyńska die Insassen dieses Ge-

---

54 Ein frühes »Opfer« der Deportationen nach Sibirien war die Glocke des Klosters Uglitsch, die 1593 das Zeichen zum Aufstand gegen Boris Godunow gegeben hatte. Sie wurde „verurteilt". Ihr wurden die „Ohren" (Henkel) abgeschnitten. Dann wurde sie nach Tobolsk verschickt.

fängnisses als Leibeigene der jeweiligen Imperatoren.[55] Während Verbannung und Deportation mit der Zeit die gewöhnliche Gefängnisstrafe nahezu ablösten, ersetzte die schwere Zwangsarbeit zunehmend die Todesstrafe. Als höchste Strafe galt die schwere Katorga, die mit dem sogenannten „bürgerlichen Tod" einherging, die im Sinne Michel Foucaults als eine „peinliche Strafe" verstanden werden sollte. Der Ausschluss aus der Gesellschaft wurde mit einer Marter öffentlich in den Körper eingeschrieben.[56]

„Das Ritual dieses bürgerlichen Todes bestand nach den Vorschriften von 1753 darin, dass der Verurteilte auf den Henkersblock gelegt oder unter den Galgen geführt wurde, danach peitschte man ihn aus und schnitt ihm die Nasenflügel ab. Als nächstes wurde ihm das Wort ins Gesicht gebrannt. Die Ehe eines solchen Delinquenten wurde aufgelöst. Nach dem bürgerlichen Tod gab es keine einfache Deportation für begrenzte Zeit mehr. (...) Nach Verbüßung dieser Strafe durfte man Sibirien nicht mehr verlassen."[57]

Dagegen wurde die Zwangsarbeit in den sibirischen Kolonien für mindestens zehn Jahre verhängt und sollte ihrem Anspruch nach eine allgemein nützliche Funktion erfüllen. Eine Gesetzreform von 1845 klassifizierte drei Stufen. Je nach Schwere des Vergehens wurden die Delinquenten Bergwerken, Festungen oder Fabriken zugeteilt. Wenn die Strafe verbüßt war, sollten sie sich möglichst in der Nähe ihrer Gefängnisse niederlassen und Ackerbau betreiben.

2.2. Vom Aufklärungsanspruch und Instrumentalisierung in der Lagerliteratur des 19. und 20. Jahrhundert

Erst mit dem Entstehen einer publizistischen Öffentlichkeit wurde der Binnenkolonialismus Mitte des 19. Jahrhunderts im Russländischen Imperium zum Gegenstand erster Debatten, und eine systematische Erforschung der Sträflingskolonien begann, was zu ersten unfassenden Standardwerken führte(Agaton Giller, 1867; Jadrincev, 1872).

Forschungsreisen in die unwirtlichen Regionen hatte es zwar schon zu früheren Zeiten gegeben, allerdings war bis in die zweite Hälfte des 19. Jahrhundert die soziale Frage unterbelichtet geblieben. „Es versteht sich von selbst", schrieb etwa Alexander von Humboldt im Juni 1829 am Tag vor der Abreise nach To-

---

55 Kaczyńska, Elżbieta: *Das größte Gefängnis der Welt*, Sibirien als Strafkolonie der Zarenzeit, Campus Frankfurt, New York 1994. S. 1-26.
56 Vgl. Foucault: *Surveillance et punir*, S.107-134.
57 Kaczyńska: *Das größte Gefängnis der Welt*, S. 17.

bolsk aus Ekaterinburg, dass er sich „auf die todte Natur beschränken" und alles vermeiden wolle,

> „was sich auf Menschen-Einrichtungen, Verhältnisse der untern Volksklassen bezieht: was Fremde, der Sprache unkundige, darüber in die Welt bringen, ist immer gewagt, unrichtig und bei einer so komplizierten Maschine, als die Verhältnisse und einmal erworbenen Rechte der höhern Stände und die Pflichten der untern darbieten, aufreizend ohne auf irgend eine Weise zu nützen!"[58]

Dem Naturwissenschaftler von Humboldt folgten der amerikanische Publizist George Kennan und der russische Arzt und Schriftsteller Anton Čechov. Beide besuchten in der sibirischen Wildnis befindliche Strafanstalten. Ihre Inspektionen waren der Entdeckung des „Asozialen" gewidmet: des Menschen, der sich fern ab der vermeintlichen Kultur entwickelt.[59] Sibirien stand in ihren Berichten „nicht nur für die Peripherie in geographischer Hinsicht", sondern es symbolisierte die Grenze äußersten menschlichen Leidens.[60] Auch George Kennan erforschte das System von „ssylka" und „katorga" in den Jahren 1885/86 im Auftrag des *Century Magazine*. 1891 erschien sein Bericht in zwei Bänden in London. Die Sterberate der Deportierten bezifferte er darin auf 30 bis 40 Prozent[61]. Minutiös schildert er die katastrophalen Lebensbedingungen der Sträflinge, die auch nach verbüßter Strafe nur selten ins europäische Russland zurückkehrten.

> „The Government does not return to their homes the political exiles whom it has sent to Siberia, unless such exiles are willing to travel by étape, with a returning criminal party. (…) Colonel Zagárin, the inspector of exile transportation for Eastern Siberia, told me that returning parties are about three hundred days in making the thousand-mile stretch between Irkútsk and Tomsk. Very few political exiles are willing to live a year in fever-infected and vermin-infested étape even for the sake of getting back to European Russia; and unless they can earn money enough to defray the expenses of such a journey, or have relatives who are able to send them the necessary money, they remain in Siberia."[62]

Traditionell beruhte die Deportation nicht auf einem Gerichtsurteil. Es handelte sich vielmehr um eine administrative Maßnahme. Um verbannt zu werden,

---

58 Humboldt, Alexander von: *Im Ural und Altai*. Briefwechsel mit Georg Graf von Cancrin, Salzwasser-Verlag im Europäischen Hochschulverlag 2009, S. 74/75.
59 Zimmermann, Harro: *Irrenanstalten, Zuchthäuser und Gefängnisse*, In: Herrmann Bausinger, Klaus Beyrrer, Gottfried Korff: *Reisekultur. Von der Pilgerfahrt zum modernen Tourismus*, München 1999, S. 207-212.
60 Stolberg, Eva Maria: Sibirien: *Russlands „Wilder Osten"*, S.51.
61 Kennan, George: *Siberia and the Exile System*, London 1891, Band 1, S. 46-48.
62 Ebd. , S. 120.

musste man sich keines Verbrechens schuldig gemacht haben. Es genügte, dass Behörden zu der Einschätzung gelangten, man bedrohe die „öffentliche Ordnung". Dieser Begriff war nirgends näher definiert und dementsprechend weit auslegbar.

Als Anton Čechov im Alter von 30 Jahren die Gefängnisinsel Sachalin bereiste, tat er dies unter dem Eindruck von Fedor Dostoevskijs *Memoiren aus einem Totenhaus* (1860). Čechovs Bericht über die vorzivilisatorischen Zustände, in denen die „überflüssigen Menschen"[63] auf Sachalin ihr Dasein fristeten, war maßgeblich für das in den folgenden Jahrzehnten aufkommende Interesse an den Binnenkolonien verantwortlich.

Nach der Revolution von 1917 unterwarf das Sowjetsystem die sibirischen Lager ideologischen Zwecken. Aus den Strafanstalten wurden „Umerziehungslager". Verbannte sollten nicht länger nur verwahrt und ausgebeutet werden, sondern die Möglichkeit bekommen, sich als „neue Sowjetmenschen" zu bewähren. Die Propaganda erklärte die Arbeitslager zu Baustellen des „Aufbaus des Kommunismus in einem Land". Eines der größten infrastrukturellen Projekte war ein Kanal, der das Weißmeer und die Ostsee auf 38 Kilometern miteinander verbinden sollte. Die literarische Verherrlichung dieses Zwangsarbeitslagers, in dem Tausende zu Tode kamen, wurde einem Schriftstellerkollektiv um Maksim Gorki zu getragen. In nur wenigen Monaten veröffentlichten es den Kollektivroman *Belomor*. Die Umerziehung im stalinistisch-kommunistischen Sinne, mit der von der Norm abweichende Individuen dem sowjetischen Staatskörper angepasst werden sollten, knüpft auch der Roman *Wie der Stahl gehärtet wurde* von Nikolaj Ostrovskij. Die Gleichstellung erscheint hier als ein Akt der individuellen Befreiung. Dem stehen die persönlichen Lagerberichte der Schriftsteller Varlam Šalamovs (1907-1982) und Evgenija Ginzburgs (1904-1977) gegenüber. Die Gefangenenliteratur, die in den 1970er-Jahren außerhalb der UdSSR veröffentlicht wurde, bezeugt, in welchem Maße Individuen unter den harten Lagerbedingungen ihre Identität und jeglichen Bezug zur eigenen Physis verloren.

Zwischen 1929 und 1956 wurden 20 Millionen Menschen in Zwangsarbeitslager deportiert. Bei extremen Klimaverhältnissen verbrachten die Inhaftieren zehn Jahre und mehr in überfüllten Holzbaracken. Etwa zwei Millionen Häftlinge starben unter lebensfeindlichen Umständen: Kälte, Hunger, mangelnde Hygiene und härteste Arbeit.

---

63 Vgl. Zitat Čechov, Anton: *Ivanov*, Uraufführung 1887.

Die zarische Lagerliteratur

2.3. Anton Čechovs dokumentarische Reise auf *Die Insel Sachalin*

Unter dem Eindruck von Dostoevskijs Memoiren aus einem Totenhaus entschloss sich der Arzt und Schriftsteller Anton Čechov 1890 kurzfristig zu einer Reise ins Baltikum und nach Asien[64]. Als er am 5. Juli 1890 auf dem Ochotskischen Meer den dicht besiedelten Norden der Insel Sachalin erreichte, veranlasste er dort eine Volkszählung unter Schirmherrschaft der Petersburger Hauptgefängnisverwaltung. In den folgenden Monaten bereiste der Arzt und Dramatiker die Insel und dokumentierte das Leben der Sträflinge. Čechov besuchte allerdings weder Zuchthäuser noch politische Gefängnisse, sondern konzentrierte sich stattdessen auf die vielen Verbanntenkolonien, in denen teilweise die indigene Bevölkerung der Insel mit den „Neuankömmlingen" aus dem russischen Kernland zusammenlebte. Die Lebensumstände waren mehr als widrig, was auch auf staatliche Misswirtschaft zurückging. Schnell wurde Čechov klar, dass seine Fähigkeiten als Arzt hier von größeren Nöten waren als sein Vorhaben der Dokumentation. Im Lazarett von Aleksandrovsk behandelte er Sträflinge, die unter körperlichen Schmerzen der Zwangsarbeit und Prügelstrafen litten. Im Oktober verließ er die „Hölle", „wo sich jeden Tag und jede Stunde genügend Gründe ergeben, um einen nicht sehr widerstandsfähigen Menschen mit zerrütteten Nerven den Verstand verlieren zu lassen."[65]

Während in seinen Erzählungen, Novellen und Dramen die weiblichen Figuren als Ehebrecherin, Lügnerin, keusche Haushälterin oder „Hexe" um Unabhängigkeit von ihren männlichen Gegenspielern zumindest bemüht sind, wird die Frau hier nicht zentral thematisiert. Čechovs Bericht über Sachalin ist eine betont distanzierte Analyse. „In order to produce the most effective impact on the reader, Chekov turns to science", schreibt Jurs T. Ryfa und stellt den Text als Anfang einer „objective phase" vor.[66]

---

[64] Brief an den Bruder Michail Čechov, 28. Januar 1890: „Die Reiseroute: die Karma entlang, Perm, Tjumen, Tomsk, Irktustk, den Amur abwärts, Sachalin, Japan, China, Colombo, Port Said, Konstantinopel und Odessa. Abreise aus Moskau Anfang April." in: Čechov, Anton: Die Insel Sachalin, Diogenes Taschenbuch, Winkler Verlag München 1971, Anhang, S. 439.
[65] Čechov: *Die Insel Sachalin*, S. 389.
[66] Ryfa: *The problem of genre*, S. 56.

In einem Brief an seinen Verleger Suvorin erklärt Čechov, dass er mit seiner Berichterstattung „Krieg führen [möchte] gegen die lebenslange Strafe, in der [er] die Ursache allen Übels [sehe], und gegen die Gesetze über die Verbannten, die schrecklich veraltet und widersprüchlich sind".[67] So lag beispielsweise ein Gesetz zur völligen Abschaffung der Prügelstrafe seit 1863 im Entwurf vor. Verabschiedet wurde es 1874. Weitere 19 Jahre vergingen, bis es 1893 rechtskräftig wurde.[68] Die politische Absicht, mit der Čechov über die Zustände im zarischen Strafsystem berichtete, wurde schließlich von der Zensur erkannt. Nach Erscheinen der ersten 19 von 23 Kapiteln der *Insel Sachalin* ließ die Hauptgefängnisverwaltung die Veröffentlichung in der liberalen Monatszeitschrift *Russkaja Mysl'* verbieten.[69] Für problematisch wurden von der Zensur u.a. solche Textstellen gehalten, die nüchtern von Prostitution, Zwangsverheiratung, ungewollten Schwangerschaften und katastrophaler medizinischer Versorgung berichteten und somit die radikale Reduktion der unfreien Frau auf ihre Körperlichkeit zum Thema machten.

2.3.1. Die „Frauenfrage" auf Sachalin

Während Čechovs dreimonatigem Aufenthalt auf der Insel Sachalin fand im Juni 1890 in der russischen Hauptstadt St. Petersburg der Vierte Internationale Pönitentiar-Kongress statt, an dem die ranghöchsten Vertreter des Gerichts- und Gefängniswesens teilnahmen. Strafen und Präventionsmaßnahmen standen zur Diskussion. Auch die Verschickung von Straftätern in die Lager Sibiriens wurde thematisiert. Unter den Delegierten befand sich die schwedisch-finnische Aristokratin Mathilda Wrede (1863-1928), die Gefangenentransporte begleitete und wegen ihrer karitativen Arbeit als „Schutzpatronin der Gefangenen" galt. Ihrem Engagement soll es unter anderen zu verdanken sein, dass Reformen eingeleitet wurden, die an das heutige „Resozialisierungsprinzip" erinnern.

Wrede sprach auf dem Kongress auch die „Problematik" der nach Sibirien verschickten Frauen an.[70] Da sie laut Gesetz erst seit 1751 deportiert werden durften, mangelte es an ihnen in den Binnenkolonien derart, dass Sibirische Siedler offiziell aufgerufen wurden, ihre Töchter mit Verschickten zu verheiraten. Während seines dreimonatigen Aufenthalts ließ Čechov 4966 Männer und

---

67 Vgl. hierzu Zitat in: Rippmann, Peter: *Der andere Čechov*, darin: *Sachalin: Berichterstattung als Mission*, Aisthesis Verlag, Bielefeld 2001, S. 53.
68 Vgl. Kaczyńska: *Das größte Gefängnis der Welt*, S. 237.
69 Ebd., S. 57.
70 Vgl. „Mathilda Wrede" in: Dammer, Inga/ Adam, Birgit: *Das große Heiligenlexikon – Patronate, Gedenktage, Leben und Wirken von 500 Heiligen*, Seehammer Verlag, Weyarn 1999.

369 Frauen zählen.[71] Dieses Ergebnis führte den Behörden den geringen Frauenanteil vor Augen und veranlasste sie, Maßnahmen zur Erhöhung des Frauenanteils zu ergreifen. Auf eine Frau kamen in den 1880er Jahren sechs Männer. Frauenraub war in der Region eines der häufigsten Verbrechen.[72] Was Čechov als so genannte Frauenfrage fasste, entfaltet in seiner literarischen Dokumentation, seinem einzigen nichtfiktionalen Werk, eine bemerkenswerte Suggestion.

„He was horrified by the conditions in which women and children were struggling. He saw starving and sick children, many of whom were blind. He met girls of thirteen whose only trade was prostitution, and girls of fifteen already pregnant... the writer was shocked by the imbecility that characterized the local bureaucracy; their, civilized mission' reduced prisoners and exiles and their wives to an abominable and vile level of everyday existence. Chekhov concluded that, in this inferno, madness was the only tangible reality. "[73]

Besonders durch die Erleichterung des Nachzugs von Ehefrauen versprach sich die zarische Regierung eine positive Entwicklung. Čechov hielt diese staatliche Initiative für begrüßenswert, könnte sie doch dazu beitragen, die Strapazen der „Hölle" zu erleichtern.

„Die so genannte Frauenfrage auf Sachalin ist zwar häßlich, aber weniger widerlich als in den westeuropäischen Verbanntenkolonien in der ersten Zeit ihrer Entwicklung. Auf die Insel kommen nicht allein Verbrecherinnen und Prostituierte. Dank der Hauptgefängnisverwaltung und der freiwilligen Flotte (...) hat sich das Problem der Frauen und Töchter, die ihren Männer und Eltern in die Verbannung folgen wollten, bedeutend vereinfacht. Noch vor gar nicht so langer Zeit kam auf dreißig Verbrecher eine Frau, die freiwillig folgte, heute dagegen ist die Anwesenheit der freien Frau typisch für die Kolonie, und man kann sich zum Beispiel Rykovkoe oder Novo-Michajlovka schwer ohne diese tragischen Gestalten vorstellen, die herkamen, um das Leben ihrer Männer zu ordnen, und ihr eigenes verloren."[74]

Dem Ehemann freiwillig in die Sträflingskolonie zu folgen, war ein Akt erweiterter „new femal individuality". Die Ehefrauen der sog. Dekabristen, einer revolutionären Bewegung des Adels, die 1825 eine Verschwörung gegen Zar Nikolaj I geplant hatten, organisierten sich in einem Bund und beschlossen, ihren Männern zu folgen. Diese freiwillige Umsiedlung war eine Entscheidung von erheblicher Tragweite, da sie auf etliche Privilegien, wie z.B. Erbrecht verzich-

---

71 Čechov gibt das Verhältnis nur in Prozent an, die Zahlen stammen aus einer zwei Jahre später veröffentlichte Tabelle.
72 Zitiert nach: Maksimow 1899: I, 18-28 in: ebd.)
73 Ryfa, Juras T.: *The problem of genre and the quest for justice in Chekhovs 'The Island of Sakhalin'*, Studies in Slavic Languages and Literature Vol. 13, The Edwin Mellen Press, Lampeter, Ceredigion, Wales United Kingdom 1964, S. 43.
74 Čechov: *Die Insel Sachalin*, S. 250.

ten mussten. Eine Rückkehr in die Städte war ihnen ebenso untersagt wie eine Ansiedlung in den europäischen Ballungsräumen „sondern in den nördlichsten Gegenden Sibirien, an Orten, die fürs Leben unbequem waren." Die Selbstaufgabe der Dezember-Frauen wurde landesweit bewundert und fand sowohl in den Aussagen Fedor Dostoevskijs[75], der wegen seiner Mitgliedschaft in revolutionären Geheimgesellschaften zehn Jahre in Sibirien verbrachte, als auch im Tagebuch der Gemahlin von Zar Nikolaj I., Kaiserin Aleksandra Fedorovna, großes Lob.[76]

Auch Čechov betont wiederholt, dass es deutlich mehr freiwillige Frauen als Zuchthäuslerinnen in der Kolonie gebe: 697 freie von insgesamt 1041 Frauen. Weniger die politischen Überzeugungen der Dezember-Frauen, als deren Liebe, Mitleid, religiöse Ansichten oder Schamgefühl seien dafür als Gründe anzusehen.[77]

Um das dünn besiedelte Land bewirtschaftet zu wissen und die Lage zu entschärfen, ersann die russische Justiz besondere Subventionen: Freie Frauen, die einen Verbannten ehelichten, wurden mit 50 Rubel entschädigt und stattete die Ehefrauen der Verbannten mit Sonderrechten aus:

„Nach Artikel 173 und 253 erhalten Frauen, die ihren Männern freiwillig folgen, ,Kleidung, Schuhwerk und Verpflegungsgeld für die Gesamtdauer der Reise bis zum Bestimmungsort' in Höhe der Häftlingsration... Wenn der Mann in der Verbannung stirbt oder die Ehe infolge eines erneuten Verbrechens geschieden wird, kann die Frau nach Artikel 408 auf Staatskosten in die Heimat zurückkehren."[78]

2.3.2. Unfreiheit als Kapital nach Pierre Bourdieu

Im starken Gegensatz zu den ihren Männern freiwillig folgenden Ehefrauen stehen die neu ankommenden Verbrecherinnen, die nach ihrer Ankunft über ihren Körper nicht mehr frei verfügen können, sondern ihren Körper den Inselbewohnern zur Verfügung stellen müssen. Während um 1870 „die weiblichen Sträflinge sofort nach der Ankunft auf Sachalin ins Bordell kamen... um den ‚Bedürfnissen' zu dienen,"[79] und „der Kommandant der Insel (anordnete), die Frauenabteilung des Gefängnisses in ein Bordell zu verwandeln,"[80] beschreibt Čechov

---

75 Čechov: *Die Insel Sachalin.*, S. 321.
76 Wolkonskij, Michael/ Waldemar Jollos (Hg.): *Die Dekabristen. Die ersten russischen Freiheitskämpfer*, Artemis-Verlag, Zürich 1946, S. 299ff.
77 Čechov: *Die Insel Sachalin*, S. 262.
78 Ebd., FN, S. 265
79 Ebd., S. 251.
80 Ebd., S. 254.

deren Ankunft 1890 unter anderen Vorzeichen. Die Frauen werden weniger explizit auf ihre Sexualität reduziert als vielmehr auf ihre klassische Geschlechterrolle. In diesem vorgezeichneten Rahmen verfolgen nun auch die deportierten Frauen ihre Interessen.

> „Wenn jetzt eine Gruppe Frauen in Aleksandrovsk ankommt, führt man sie zunächst feierlich vom Anlegeplatz ins Gefängnis (...) Ein Bild, das dem Heringzug in der Aniva-Bucht gleicht, wo den Fischen oft ganze Heerscharen von Walen, Robben und Delphinen folgen, die vom Heringsrogen naschen. Die Strafkolonisten folgen dem Haufen mit ehrlichen und einfachen Gedanken: Sie brauchen eine Hausfrau. Die Weiber halten Ausschau, ob nicht Landsleute unter ihnen sind. Die Schreiber und Aufseher dagegen brauchen Mädchen'. Das alles geschieht gewöhnlich gegen Abend. Die Frauen werden über Nacht in eine Zelle gesperrt, die vorher dazu hergerichtet worden ist."[81]

Der weibliche Körper wird als gewinnbringender Faktor angesehen, der es ermöglicht, sich an dem gesellschaftlichen System zu readaptieren. Die Option, sich als Ware anzubieten, um „freigekauft" zu werden, beschreibt folgende Szene aus dem Fort Korsakov:

> „Wenn sie alle im Ort angekommen sind, schickt man sie in die Frauenbaracke und lässt sie dort mit den Frauen allein [...,] Freier schlendern an den Pritschen vorbei und schauen schweigend und finster auf die Frauen, diese sitzen da und haben die Augen gesenkt. [...] Hat nun irgendeine junge oder ältere Frau auf ihn ‚Eindruck' gemacht, so setzt er sich neben sie und beginnt mir ihr ein freundliches Gespräch. Sie fragt ihn, ob er einen Samovar habe, womit seine Hütte gedeckt sei, mit Brettern oder Stroh. Er antwortet darauf, dass er einen Samovar, ein Pferd, eine einjährige Färse besitze und dass seine Hütte mit Brettern gedeckt sei. Erst jetzt, nach dem Wirtschaftsexamen, wenn beide spüren, dass alles erledigt ist, entschließt sie sich zur Frage: Werden Sie mich auch nicht schlecht behandeln?"[82]

Die Basisversorgung in wirtschaftlicher Behauptung reguliert die Bereitschaft der Frauen, sich auf den Unfreien binnen kürzester Zeit einzulassen. Dabei steht die Frage nach der Fruchtbarkeit an erster Stelle, weswegen die älteren Frauen von den Männern zunächst unbeachtet bleiben. Das Gebären für die Kolonie hat oberste Priorität. So muss Čechov feststellen, dass es

> „Zwangsarbeit (...) für Frauen auf der Insel nicht gibt. Das Gefängnis hat die weiblichen Sträflinge völlig an die Kolonie abgetreten (...) Da das Geld aber in der Regel nicht reicht, der landwirtschaftliche Ertrag mangelhaft ist, beschließen Frauen oft, ‚mit dem eigenen Körper'[83] Geld zu verdienen. Auch Minderjährige, 14-15-

---

81 Čechov : *Die Insel Sachalin*, S. 252.
82 Ebd., S. 254.
83 Ebd., S. 264.

jährige, werden oft von ihren Müttern verkauft oder als Hausgenossin zu reichen Kolonisten und Aufsehern gegeben."[84]

Die *Katorga* wird für Frauen in besonderer Weise dargestellt. Das (soziale) Überleben auf der Sträflingsinsel sichert ihnen der Körper. Frauen, die freiwillig gekommen waren, womöglich mit einer staatlichen Finanzunterstützung, waren auch aufgrund ihrer Unschuld begehrter als Verbrecherinnen. Ehefrauen, die ihren Männern in die Kolonie folgten, jedoch zu wenig Geld mitbrachten, waren gezwungen, ihre freien Körper sexuell verkaufen, um genügend Unterhalt zur Bewirtschaftung des Haushaltes zu verdienen.[85] Nach Sachalin verschickte Verbrecherinnen wurden direkt in eheähnliche Gemeinschaften gesteckt. Die Versklavung der Frauen regelte nicht wie erwünscht die Population. Die Annahme, dass unfreie Frauen über eine „außerordentliche Fruchtbarkeit" verfügten,[86] konnten nicht bestätigt werden.

Der französische Soziologe Pierre Bourdieu, der Kapital mit Macht gleichsetzt, nennt neben dem ökonomischen (Geld, Eigentum), kulturellen (Wissen, Bildung, Titel) und dem sozialen Kapital (Beziehungen, Netzwerke) als vierte Kategorie das körperliche Kapital.[87] Meist ist das Fortbestehen der weiblichen Existenz auf Sachalin völlig von diesem abhängig. In diesem Zusammenhang weist auch der Soziologe Robert Gugutzer darauf hin, dass persönliche und soziale Gewinne sich scheinbar mit der Arbeit am eigenen Körper herstellen ließen und „mit dieser Art Körperarbeit an der eigenen Identität geschliffen werden kann", selbst wenn dies „nur als ‚Identitätsdarstellung' (...) geschähe"[88]. In diesem Sinne ist die Reduktion der Frau in der Verbannung, der freien als auch der unfreien, auf ihren Körper eine Identitätsarbeit: Die Individualisierung im Sinne einer Abspaltung von der Gruppe erfolgt über die Objektivierung. Sie ermöglicht die Reintegration in die unfreie, aber homogene Sträflingsgesellschaft.

---

84 Čechov : *Die Insel Sachalin*, S. 264.
85 Kaczyńska: *Das größte Gefängnis der Welt*, S. 237.
86 Čechov: *Die Insel Sachalin*, S. 274.
87 Vgl. hierzu: Bourdieu, Pierre: *La distinction. Critique social du judgement*, Edition de Minuit, Paris 1979.
88 Gugutzer, Robert: *Soziologie des Körpers*, transcript Verlag Bielefeld 2004, S. 68.

2.4. Das Vermächtnis des Fedor Dostoevksij

Als Fedor Dostoevksij im Jahr 1850 wegen eines geplanten Attentats auf den Zaren Nikolaj I. zur Zwangsarbeit in Ketten begnadigt worden war, sollte er „the reality of barracks, prison sheckles, hard labour, sickness, squalor, violence, total absence of personal freedom and little human dignity beyond the right to dream"[89] kennenlernen. Die Veröffentlichung seiner *Memoiren aus einem Totenhaus* im Eigenverlag machte Dostoevskij 1860/61 schlagartig berühmt. Die Darstellung des sibirischen Strafvollzugs aus der Häftlingsperspektive erschütterte nicht nur die Öffentlichkeit, sondern hatte darüber hinaus auch Einfluss auf die russische Justizreform 1864, im Zuge derer die „Gleichheit aller vor dem Gesetz, die Trennung von Gewalten, die Unabhängigkeit der Richter, die freie Advokatur, das Schwurgericht, die Mündlichkeit und Öffentlichkeit des Verfahrens,"[90] Beschlossen wurden. Im Kontext der Großen Reformen, mit denen das Land nach der Niederlage im Krimkrieg 1856 modernisiert werden sollte, hatte Russland ein Justizsystem erhalten, das in vielen Punkten mit den Forderungen des westeuropäischen Liberalismus übereinstimmte. Zumindest offiziell wurde die Todesstrafe abgeschafft.

In seinen folgenden Romanen, in denen er der eigenen Haftzeit werkimmanent immer wieder großen Platz einräumt, schreibt Dostoevskijs den weiblichen Figuren eine erlösende Bedeutung zu, die jener in *Miss GULAG* nicht unähnlich ist.

2.4.1. Die Abwesenheit der Frau in den *Memoiren aus einem Totenhaus*

In Dostoevskijs *Memoiren aus einem Totenhaus* ist die Abwesenheit des weiblichen Körpers auffällig. Er bleibt schon in der einleitenden Rahmenerzählung ostentativ im Hintergrund:

Bei einer Reise durch Sibirien lernt der Erzähler den ehemaligen Sträfling Aleksandr Gorjančikov kennen, der seine frisch vermählte Ehefrau aus Eifersucht umgebracht hat. Der Gutsbesitzer war zu zehn Jahren Gefängnis verurteilt worden und lebt seit der Entlassung in einer nahe gelegenen Kleinstadt. Als er stirbt, entdeckt der Erzähler ein Heft, in das der ehemalige Häftling unter der

---

89 Freeborn, Richard: *Dostoevsky, Life & Times*, London 2003, S. 37.
90 Vgl. Zitat Friedhelm Berthold Kaiser in: *Die russische Justizreform von 1864. Zur Ge schichte der russischen Justiz von Katharina II. bis 1917*, E. J. Brill Leiden 1972, S. 407-420, hier S. 420.

Überschrift *Szenen aus einem toten Haus* seine Erinnerungen geschrieben hat, und beschließt, es zu veröffentlichen.

In diesem Heft erinnert sich Gorjančikov an das Gefängnis, den *Ostrog*, hinter einem hohen Palisadenzaun, in dem die Gefangenen nach Art ihrer Verbrechen in zwei dunklen Kasernen gruppiert sind. Da es hier keine Klassen gibt, werden sowohl die Häftlinge als auch die Wachmänner gleichermaßen von einem Major schikaniert. Gorjančikov, der sich durch die Verbüßung seiner Strafe von Schuld befreit sieht, leidet vor allem unter diesem „erzwungenen Zusammenleben". Als ehemaliger Adliger wird er von vielen Mithäftlingen im Gegensatz zu vielen Mördern und Schwerverbrechern sehr „feindselig" behandelt. „Aus Neugier" macht Gorjančikov die Bekanntschaft mit einem Raubmörder und studiert dessen reuelosen, disziplinierten Charakter. Da es im *Ostrog* weder Branntwein noch Frauen gibt, wird Gorjančikov besonders am Abend schwermütig und lenkt sich mit Kartenspielen ab. Immer wieder muss er die Erfahrung machen, dass man als Adliger auf seine Vergangenheit zurückgestoßen wird. Bei der Strafarbeit am Ufer des Irtyš wird er aufgrund seiner körperlichen Schwäche verlacht. Allein zu Weihnachten fühlt sich Gorjančikov an sein altes Leben erinnert: Die Gefangenen werden in eine Badeanstalt geschickt, um anschließend an der Prozession teil zu nehmen. Es gibt reichlich zu Essen und Branntwein. An einem der folgenden freien Tage führen einige Gefangene eine Theateraufführung auf, wobei sie von einem Orchester begleitet werden. Ihr Schauspiel wird ein großer Publikumserfolg unter den Häftlingen. Als Gorjančikov einige Wochen im Hospital verbringen muss, kommt er erstmals in Kontakt mit Geisteskranken und Folteropfern. Die Rücken der Männer sind offen und blutig geschlagen. Nach Gesprächen mit den Geprügelten muss er beschämt feststellen, dass sie die Körperstrafe bereits aus der Leibeigenschaft kennen. Auch als sich die Gefangenen auf dem Appellplatz versammeln, um dem Major ihre Unzufriedenheit mitzuteilen, wird Gorjančikov davon ausgeschlossen. Erst da begreift er, was ihn mit den politischen Häftlingen und den Wachmännern verbindet und vom Rest der Sträflinge trennt: Adlige werden nur selten körperlich gezüchtet. Gorjančikov zieht sich immer mehr zurück. Als er neun Jahre später entlassen wird, ruft er:

„Mit Gott! Die Freiheit war gekommen; das neue Leben, die Auferstehung von den Toten! Welch herrlicher Augenblick!"[91]

Anders als Čechov, der das Frauenproblem auf Sachalin dokumentiert, nimmt Dostoevskij ein reines Männergefängnis in Augenschein. Der Kontakt zu

---

91 Dostoevskij, Fedor: *Memoiren aus einem Totenhaus*, Mundus Gesamtausgabe Bd. 5., Deutschland 2000, hier: S. 288.

Frauen beschränkt sich auf die unregelmäßigen und ziemlich teuren Besuche bei Prostituierten.

„Es war nicht leicht, mit einer Frauenperson zu verkehren, man musste die Zeit abpassen, den Ort wählen und verabreden, das Wiedersehen besprechen und die Einsamkeit suchen, was schwierig, und ferner auch die Wachen sich geneigt machen, was noch schwieriger war; und überhaupt für derartige Unternehmungen eine Unmasse Geld verschwenden." [92]

Das ökonomische Kapital wird hier als Vorraussetzung für ein Zusammentreffen mit Frauen benannt. Sowohl die unfreien Prostituierten, die „Souffleusen" genannt werden, als auch das Aufsichtspersonal müssen finanziell entschädigt werden. Auch bei Gorjančikovs zufälliger Begegnung mit der freien Tochter eines verstorbenen Verurteilten wird das Verhältnis binnen Sekunden auf Ökonomisches reduziert. Mit den Worten „Da, Unglücklicher, nimm um Christi willen die Kopeke!" drückt sie ihm eine Viertelkopeke in die Hand.[93] Da im *Ostrog* die Anfertigung und Reparatur der Sträflingskleidung auf finanzieller Basis erfolgt, unterstützt diese Gabe Gorjančikov außerordentlich. Ein anderes Beispiel der Charitas ist die Zuwendung der alten Witwe Nastasja Ivanovna, die ihr unbekannten Sträflingen Briefe schreibt und somit als „treuer Freund" agiert. Als Gorjančikov endlich entlassen wird, „beeilt [er sich], „zu ihr zu kommen, und mit ihr persönlich bekannt zu werden."[94] Nicht nur innerhalb des *Ostrogs*, sondern auch nach der Entlassung stiftet diese Beziehung emotionale Stabilität. So setzt Dostoevskij die Frau in einen resozialisierenden Bezug zu dem Mann.

2.4.2. Die Frau als Medium der Resozialisierung in *Schuld und Sühne*

Ähnlich verfährt Dostoevskij in seinem späteren Roman *Schuld und Sühne* (1866). Hier wird der finale Auferstehungsgedanke der *Memoiren aus dem Totenhaus* in der Figur der Prostituierten Sonja Semenovna aufgenommen:

Der arme Student Raskol'nikov glaubt an eine besondere Stellung in der Heilsgeschichte und tötet aus tiefer Überzeugung eine alte Wucherin mit einem Beil. Als überraschenderweise eine weitere Frau ins Zimmer hinzu kommt, tötet er auch sie. Raskol'nikov erkrankt und verbringt die nächsten Wochen im Bett. Durch seinen Freund, den Untersuchungsrichter, erfährt er, dass ein Anstreicher wegen des Doppelmordes verhaftet wurde, da bei ihm die Ohrringe der Alten

---

92 Dostoevskij, Fedor: *Memoiren aus einem Totenhaus*, S. 37.
93 Ebd., S. 25.
94 Ebd., S. 85.

entdeckt wurden. Obwohl niemand Raskol'nikov verdächtigt, wird er von Stimmen verfolgt, die ihn „Mörder" nennen. Er irrt durch St. Petersburg, bis ihn die Prostituierte Sonja Semenovna, die Schwester der zweiten ermordeten Frau, die Erweckung des Lazarus aus dem Neuen Testament vorliest. Im Anschluss gesteht Raskol'nikov der Polizei seine Tat. Er wird verurteilt und nach Sibirien verbannt, wohin ihm Sonja folgt. Nicht nur, dass Sonja ihrer toten Schwester ähnelt und damit Raskol'nikov als personifiziertes Gewissen sein Leben lang begleiten wird. Auch folgt sie als blasse, blonde sich prostituierende Kindfrau einer bestimmten Heiligeninszenierung.[95] Die von ihr rezitierte Bibelstelle, in der Jesus den seit vier Tagen verstorbenen Lazarus wieder zum Leben erweckt, löst bei Raskol'nikov ein moralisches Auferstehungsmoment aus. Indem Sonja dem Mörder ihrer Schwester in die Verbannung folgt und sich den psychischen Quälereien durch Raskol'nikov aussetzt, macht sie sich sein Schicksal zu Eigen. Nach einigen Jahren in Sibirien gesteht Raskol'nikov ihr seine Liebe. Dabei scheint es, als impliziere die Erkenntnis der Liebe die zurückerlangte Sozialität. Dass die Figur der Hure allen Ansprüchen an eine Heilige genügt, wird im letzten Abschnitt nochmals betont. Die Dichotomie von Frau und Auferstehung spiegelt sich in der Befreiung aus dem Totenhaus:

„Sie wollten sprechen und konnten es doch nicht. Tränen standen ihnen in den Augen. Sie waren beide blass und mager; aber auf diesen kränklichen und bleichen Gesichtern glänzte schon die Morgenröte einer neuen Zukunft, einer Auferstehung zu neuem Leben. Die Liebe hatte ihn auferweckt (...) Er war auferstanden von den Toten, dass wusste er, das fühlte er mit allen Fasern seines neugewordenen Wesens, und sie – sie lebte ja nichts anderes als sein Leben! ... Unter seinem Kopfkissen lag ein Neues Testament. Er zog es mechanisch hervor. Diese Buch gehörte ihr; es war das gleiche, aus dem sie ihm die Geschichte von der Erweckung des Lazarus vorgelesen hatte..."[96]

Sowohl in seinen autobiographischen Memoiren als auch im Roman über den sich als Erlöser begreifenden Raskol'nikov inszeniert Dostoevskij die Frau als Medium zur Wiederherstellung der Moral. Sie ermöglicht dem aus der Gesellschaft Ausgestoßenen den Wiedereintritt in das soziale Gefüge. Das Überleben in der Verbannung ist sowohl mit dem weiblichen als auch mit dem kollektiven Körper verknüpft.[97] Ähnlich wie Čechov, der zwar aus emotionaler Distanz

---

95 Vgl. Guardini, Romano: *Religiöse Gestalten in Dostoevskijs Werken*, Studien über den Glauben, Hochland-Bücherei, Kösel-Verlag, München 1951, S. 65-85.
96 Dostoevskij, Fedor: *Schuld und Sühne*; Manesse Verlag Zürich 1998, S. 922.
97 Feuer Miller, Robin: *Dostoevsky's Unfinished Journey, Guilt, Repentance and the Pursuit of Art in The house of Dead*, S. 22-44. Yale University Press New Haven & London 2007, S. 3.

heraus berichtet, setzt Dostoevskij den Verbannungsort mit der Hölle gleich. Der Wiedereintritt in die Gemeinschaft vermittels des anderen Geschlechts erinnert an die Rehabilitierung der alttestamentarischen Sünde. Gott schickt Adam und Eva aufgrund ihrer Überschreitung seines Gesetzes ins Exil. Er straft sie zusätzlich mit Sexualität und Gewissen. Der amoralische Menschenkörper wird sterblich. Erst über den Geschlechtskörper lässt sich der „Bund Gottes" wiederherstellen: Die Nachfahren der beiden finden sich unter jenen Noahs wieder.

Im Gegensatz zu Čechov idealisiert Dostoevskij die Verbrecher als „besten Teil der russischen Gesellschaft", wie Juras T. Ryfa feststellt.[98] In dieser Hinsicht erscheint das Totenhaus als Versammlungsort aller überflüssigen Menschen, die metaphorische Auferstehung Gorjančikovs als eine kollektive. Dostoevskij setzt das finale Schicksal des Erzählers als pars pro toto der *Ostrog*-Gemeinschaft. Wiederholt betonte der Schriftsteller, eine Ausgabe des Neuen Testament, die ihm die Ehefrau eines Dekabristen überlassen habe, sei in den zehn Jahren seiner Haft eine entscheidende Stärkung gewesen.[99] In der sibirischen Verbannung, wo seine epileptischen Anfälle aufhörten[100], verfasste Dostoevskij einen Essay über „the mission of Christianity in art", wie er 1856 in einem Brief an den Bruder Michail schrieb.[101] Während in der zarischen Strafjustiz der weibliche Körper sowohl als Ort der Strafeinschreibung als auch als Kapital für die Kolonisierung funktionierte, wird er in Dostoevskijs Werken kanonisiert.

In diesem scheinbar alttestamentarischen Sinne erinnert auch die Figur der Julija in *Miss GULAG* an die Frauenfiguren bei Dostoevskij: Die Unmöglichkeit ihrer Rehabilitation durch ihren früheren Drogenkonsum und dem „gefallenen Körper" einerseits sowie dem Verharren in ihrer Doppelidentität anderseits scheint Julija vielmehr vermittelndes Objekt als tatsächlich agierendes Subjekt. Derart ähnelt sie Sonja, die dem Mörder ihrer Schwester, Raskol'nikov, in die Gefangenschaft folgt und somit die bei Čechov formulierte „Frauenfrage" neu definiert: die Frau macht sich zum Mittäter als auch zur Heiligen, in dem sie das Opfer der Verbannung auf sich nimmt.

---

98 Vgl. Ryfa: *The problem of Genre and the quest for Justice in Chekhov's Sakhalin*, S. 149.
99 Ebd. S. 39.
100 Vgl. Hierzu: Freud, Sigmund: *Dostojewski und die Vatertötung*, in: Bildende Kunst und Literatur, Fischer Verlag, S. 275. Epilepsie wurde lange als Besessenheit des Teufel gedeutet.
101 Feuer Miller, Robin: Dostoevsky's Unfinished Journey, S. 29.

Die stalinistische Propaganda

3.1. Der Umerziehungsgedanke in der sowjetischen Strafpolitik unter Stalin

Mit der Etablierung einer sozialistischen Staats- und Gesellschaftsordnung nach der Machtergreifung der Bol'ševiki im Jahr 1917 schien die bisherige Rechts- und Strafpraxis zunächst obsolet. Im Zuge der Einführung des Kommunismus und der damit verbundenen Abschaffung des Kapitalismus hegten die bolschewistischen Machthaber zunächst die Hoffnung, dass mit der Einführung der neuen Gesellschaftsordnung auch die Kriminalität verschwinden werde, die man als Produkt des bürgerlich-kapitalistischen Systems begriff.

Als die Machthaber erkannten, dass die Kriminalität doch nicht mit dem Kapitalismus verschwunden war, übernahm die Rechtspolitik in der frühen Sowjetunion eine besondere Funktion. Gemäß Art. 20 StGB RSFSR sollten die Verurteilten durch Umerziehung und Besserung in Form von gesellschaftlichnützlicher Arbeit zu „Neuen Menschen" reifen.[102] Die utopische Idee eines sich durch Bildung, Kultur und Arbeit auszeichnenden Proletariers umfasste auch die Etablierung gesellschaftlicher Gerichte, sogenannter „Kameradengerichte", in denen das Kollektiv richterliche Funktionen übernahm und über Strafen entschied,[103] was zu einem System gegenseitiger Überwachung führte. Der Jurist I. Kozlovsky äußerte 1919 in seinen Überlegungen zur Justizreform:

„The soviet government, merciless toward the enemies of socialist law and order, is working out a farreaching plan for construction of corresponding educational institutions for the reform of the victims of the capitalist regime (reformatoriums), and it has already placed juvenile criminals into the special institutions of the People's Commissariat of Enlightenment, removing their files from the sphere of judicial agencies, its task being not to punish, but to protect children from the influence of an unfavourable environment."[104]

---

102 Vgl. Rieckhof, Susanne/ Frieder Dünkel (Hg.): *Strafvollzug in Russland. Vom GULag zum rechtsstaatlichen Resozialisierungsvollzug?* Forum Verlag Godesberg, Mönchengladbach 2008, S. 17 ff.
103 Ebd., S. 21, FN.
104 I. Kozlovsky: *The Proletarian Revolution and Criminal Law* in: *Oktiabr'skii perevorot i Dikktatura proletaria, Moskau 1919* in: Bolshevik Visions. First Phase of the Cultural Revolution in Soviet Russia, William G: Rosenberg (Hg.), Ann Arbor Paperbacks, S. 177.

Demnach wurde die parteiliche Vorstellung etabliert, dass es sich bei den sowjetischen Gesetzesbrechern vorwiegend um politische Gegner handelte. Je nach Höhe des Vergehens wurden sie in Lager geschickt, in denen sie sich durch allgemein nützliche Arbeit rehabilitieren konnten. Die zarische Sträflingskolonie wurde zum sowjetischen Besserungsarbeitslager.

3.1.2. Der Kollektivroman *Belomor* von 1934

Zeugnis dieser vermeintlich wohlwollenden Strafpolitik unter der Parole *perekovka* (Umerziehung) sollte ein Kollektivroman über den Bau des Weismeer-Ostsee-Kanals im Nordwesten der Sowjetunion sein. Als Herausgeber fungierte unter anderen Maksim Gorki. Ein Jahr nach dem Erscheinen von Belomor in Russland mitverantwortete er auch die englische Transkription.

In einer schwarzen Limousine wird der Häftling Orest Valerianovič durch Moskau zum Gefängnis Lubjanka[105] gefahren, wo ihm das „Sonderkonstruktionsbüro" das Angebot unterbreitet, gemeinsam mit anderen Strafgefangenen am Bau des Weismeer-Ostsee-Kanals mitzuwirken. Mit ihnen teilt Valerianovič eine problematische Kindheit in Elend oder „bürgerlicher Schikane". Es wird dem Leser suggeriert, dass kriminelle Laufbahnen, Diebstahl und Betrügereien, aber auch „Kontakt zu schädlichen Organisationen" ihre Ursache in den Lebensbedingungen der bürgerlichen Gesellschaft haben. Im Umerziehungslager „Belomorstroj", so erzählt es das Autorenkollektiv, finden die Protagonisten durch den reinen Willen zur Tugend. Mörder werden zu Ingenieuren. Mit bloßen Händen fertigen sie einen Hubkran aus Holz an, um Baumaterial zu stemmen. Mit Schubkarren, Hebeschwengel und Eisenpickel überwinden die „Kranken" ihren „rückständigen" Geist. Anfänglich ist die körperliche Arbeit hart, aber schließlich genießen es Frauen wie Männer, gemeinsam den Kanal als „Wahrzeichen des Sozialismus" auszubauen. Die offizielle Grenze zwischen Häftlingen, Wärtern und Geheimpolizisten, den sog. Čekisten, verschwindet dank des atemberaubenden Produkts, das „aus dem Felsen" entsteht. Auch der Kollaborateur, der einige Tage im Kerker verbringen muss, überwindet seine kriminellen Neigungen und wird Teil des Kollektivs. Die Konstrukteure werden von der Lagerzeitung als Helden gefeiert, ein Radio und ein Blasorchester motivieren, bei Minusgraden

---

105 Seit den 20er-Jahren Sitz der Geheimpolizei Čeka in der Bol'šaja Lubjanka Nr. 2. In dem sechsstöckigen Gebäude befanden sich die Büros der Untersuchungsrichter, ein Gefängnis mit 150 Zellen und speziell eingerichteten Folter- und Hinrichtungskellern.

mit „Frostbeulen an den Händen" weiter zu arbeiten. Nach nur zwanzig Monaten wird der Kanal am 23. April 1933 um 8.30 Uhr geflutet.[106]

3.1.3. Der GULAG als Ideal*topos*

Der Kollektivroman *Belomor* mit dem deutschen Titel *Der Stalin-Kanal* zwischen Weißem Meer und Ostsee[107] wurde von 36 Schriftstellern, darunter Aleksej Tolstoj, Viktor Sklovskij und Maksim Gorki, in nur wenigen Monaten angefertigt. Es handelt sich um einen faktographischen Roman, der auf mündlichen Erzählungen von Häftlingen und Mitgliedern der GPU[108] basieren soll, die hier weniger als Wächter denn als Pädagogen in Erscheinung treten. Propagiert wird in dem Roman sowohl der erwähnte Umerziehungsgedanke als auch die Baustelle als sozialistischer Idealort. Der Belomor-Kanal, der einen Weg in den Pazifischen Ozean eröffnen sollte, war das erste *Scharachka*: ein GULAG, in dem inhaftierte Ingenieure und Spezialisten arbeiteten. Insgesamt 80.000 Frauen und Männer realisierten innerhalb von 20 Monaten mit primitiven Werkzeugen – Schaufeln, Spitzhacken, Holzäxten – diesen sozialistischen „Monarchenweg"[109], bei dessen Bau Tausende Zwangsarbeiter zu Tode kamen.

Im Sinne der stalinistischen Propaganda, die die Schriftsteller als „Ingenieure der Seele" begriff, richtete Stalin die Einladung zur Besichtigung der Kanalarbeiten an insgesamt 120 Künstlern. Unter ihnen war auch der Revolutionsfotograf Aleksandr Rodčenko, dem sich vor Ort auf bildlicher Ebene ein ganz besonderes Spektakel bot: Wandzeitungen verzierten die Holzzäune und eine Truppe Inhaftierter führte entlang des Kanals ein Schauspiel auf. Ein Blasor-

---

106 Gorki, Maksim: *Belomor – An Account Of The Construction Of The New Canal Between The White Sea And The Baltic Sea*, Harrison Smith, Robert Haas (Hg.), Hyperion Press Westport Conneticut, New York 1935.
107 Der russische Originaltitel lautet Belomorsko-Baltiiski Kanal im Stalina. Die Angaben zu der in dieser Arbeit verwendeten englischen Fassung sind in FN 119 wiedergegeben. Es handelt sich hierbei um eine von Maksim Gorki 1935 miterarbeitete Übersetzung des Originaltextes. In der englischen Ausgabe fehlt das gesamte zweite Kapitel über genaue schockierende Beschreibungen kapitalistischer Haftanstalten. Im Vordergrund dieser Ausgabe steht die „Betonung der ‚überragenden Leistung' der sowjetischen Häftlinge und das des ‚außergewöhnlichen Erfolges'." Vgl. Prieß: Strafe und Textproduktion, S. 150-152.
108 GPU = Glavnoe Političeskoe Upravlenie (Politische Hauptverwaltung = politische Polizei).
109 Eine provisorische Abkürzung Peters des Großen über den „Monarchenweg" führte 1702 zum Sieg über Schweden und damit zur Gründung von St. Petersburg, Vgl. hierzu auch: Thomas Kizny: GULAG, Hamburger Edition 2003, S. 116.

chester spielte „zur Stärkung der Arbeitsmoral" auf[110]. Zudem präsentierte die *Abteilung Kultur und Erziehung* die Lagerzeitung *Perekovka* sowie eine Radiosendung, die über Lautsprecher auf dem gesamten Lagergelände zu vernehmen war.[111]

Die Zeit der Sträflingskolonien, in denen unterernährte Männer sich zu Tode tranken und Frauen sich prostituieren mussten, wurde als überwunden demonstriert. Der Slavist Stefan Prieß interpretiert den Roman auch als „Heilungsprozess", da alle in ihm beschriebenen Häftlinge genesen, die „kranke Vergangenheit" überwinden und durch die Rückführung in die Gesellschaft positiv bestätigt werden.[112] Anlass zu dieser Vermutung liefern auch Gorkis eigene Äußerungen im anschließenden Nachwort:

„Hundreds of socially 'diseased' and ‚dangerous' people joined shock-brigades and became ‚canal-soldiers' with a conscious personal interest in the success of the work."[113]

3.1.4. Die Hygieneerziehung der *Women at Belomorstroy*

Ein wesentlicher Bestandteil der „kranken Vergangenheit", die die Häftlinge überwinden, lässt sich im elften Kapitel *Women at Belomorstroy* erkennen. Hier wird der weibliche Körper einer hygienischen Sterilisation unterzogen.

Das Kapitel wird mit den einleitenden Sätzen eröffnet, dass weibliche Verurteilte im „Labour Reform Camp" ein Recht auf besondere Behandlung hätten, dieses jedoch aufgrund der harten Bedingungen im Lager nicht immer zugestanden bekämen. Das Personal richte ein spezielles Auge auf sie. Es folgt eine Aufzählung der Mängel des Lagers. Sie reicht von der Kälte über die unzulänglichen Betten in den Baracken und die schlechte medizinische Versorgung der Frauen zur Notwendigkeit, „(to) teaching them everyday hygiene". Zum Schutz der Frau vor der Herrschaft des Mannes, und damit vor Prostitution, Diebstahl und Trunksucht, müsse sie auf ein „freies Leben" vorbereitet werden. Anhand der Lebensgeschichte von Pavlova wird dann von der Verwandlung eines Lumpenmädchens in eine gewissenhafte Arbeiterin berichtet.[114]

---

110 Vgl. Rodčenko, Aleksandr: *Arbeit mit dem Orchester*, 1933, 29x24cm, Vintage Print auf Silbergelatinenpapier, Museum Moskauer Haus der Fotografie in: *Alexander Rodtschenko, Ausstellungskatalog Martin-Gropius-Bau*, Nikolaische Verlags Buchhandlung Berlin 2008, S. 120.
111 Vgl. Kizny: *GULAG*, S.116 ff.
112 Vgl. hierzu Prieß: *Strafe und Textproduktion*, S. 90ff.
113 Gorki: *Belomor*, S. 340.
114 Ebd. : *Belomor*, S. 150-154.

Die Kultivierung der Frau wird hier als Emanzipation vom Mann in zwei Schritten demonstriert. Während die ersten fünf Absätze Punkte des Gesundheitsprogramms, das ab 1919 noch unter Lenin etabliert worden war, beinhalten, impliziert der zweite die Inkarnation des *perekovka*-Prinzips in der Figur Pavlovas.[115] Zunächst beruft sich das Autorenkollektiv auf das Recht der Frau auf freie Meinungsäußerung, sowie auf das einer wetterfesten Behausung im Besonderen. Ferner wird die Gleichheit der Geschlechter im Beruf propagiert:

„For some women prefer outdoor to indoor work and they must not be kept to cooking, waiting at table and washing if they volunteer for work on the canal itself, and if they elect to work at the construction, they must have the same opportunities as men for acquiring." [116]

Daran schließen Forderungen nach besserer medizinischer Versorgung, Hygieneschulung, Bildung und mehr Respekt gegenüber Frauen. Es wird noch einmal explizit darauf hingewiesen, dass die (kapitalistische) Zeit, in der die Frau ihren Körper verkaufen musste, vorbei ist.

„It is necessary to carry out propaganda among the imprisoned men, they had to be taught to treat women as their 'legal and productive equals' and to forget the old contemptous attitude that dated back to the past when woman was man's property and slave." [117]

Frauenrechte, Bildung (für die Produktion), Hygiene, Medizin – diese Schlagwörter stehen für die Säulen der sowjetischen Kollektiverziehung. Im Stalinismus erhalten diese Begriffe eine politische Konnotation. Die 1936 bis 1938 während des Großen Terrors durchgeführten „Säuberungen", im Zuge derer in Schauprozessen hunderttausende Parteimitglieder hingerichtet oder in die Verbannung geschickt wurden, sollten dem Anschein nach für die Beseitigung jener im Roman beschriebenen „Kranken" sorgen. Auch wenn die Begrifflichkeiten dem nazifaschistischen Wertekanon rund um den sogenannten gesunden Volkskörper nicht unähnlich sind, existierte in der stalinistischen Terrorherrschaft nicht die Idee der Euthanasie. Dennoch zeigt sich, welche Bedeutung dem gesunden Körper und die damit verbundene angemessene Effizienz in der Produktion hatte. In *Belomor* wird diese Idee auf die „Besserungslager" übertragen, auch um zu zeigen, wie wenig sich das Leben in ihnen vom Leben draußen unterscheidet; nämlich nur soweit, als es dem Ziel des raschen Aufbaus des Kommunismus offensichtlich näher scheint.

---

115 Vgl. hierzu: Starks, Tricia: *The body soviet. Propaganda, Hygiene, and the Revolutionary State*. The University of Wisconsin Press, Wisconsin 1969.
116 Gorki: *Belomor*, S. 341.
117 Ebd. , S. 151.

Stalinistische Propagandatafeln, die zur Kollektiverziehung eingesetzt wurden, veranschaulichen diese Hygienemaßnahmen. Anhand der Tafel „*8 Hours for Leisure – 8 Hours for Sleep – 8 Hours for Work*" von 1927 beschreibt Tricia Starks[118] die staatliche Kontrolle über den Körper der Arbeiter generell: Auf dem Ziffernblatt einer Uhr werden in drei Teilen Freizeit, Arbeit und Schlaf eines Fabrikarbeiters präsentiert. Sie umfassen jeweils acht Stunden des Gesamttages. Nach dem Schlaf folgen Morgengymnastik, Dusche und Frühstück. Die Arbeit in der Fabrik wird durch Händewaschen und eine Mittagspause unterbrochen. Im Anschluss folgen Duschen, Lesen, Teetrinken und Freizeitgestaltung in Form von Eislaufen, Lektüre in Gruppen und Zähneputzen. Der Zyklus schließt sich und beginnt von vorn. Bei geöffnetem Fenster schläft einsam ein Mann.

Die körperliche Erziehung zu einer „(Keim-)Zelle" der sowjetischen Gesellschaft schließt eine besondere Reinigung unbedingt ein. Neben die Sorge um die Mundhygiene („Be Accurate. Don't Be lazy. Clean Your Teeth – Daily") tritt der Hinweis, nach dem Gebrauch der Toilette die Ausscheidungen wegzuspülen, und noch offensiver: „Get into the Cultured Habit – Change Underwar and Go to the Bania Weekly."[119]

Frauen waren besonders nachdrücklich angehalten, ihre Intimpflege zu intensivieren; sie galten noch lange nach der Revolution als unrein und Überträgerinnen von Syphilis. Deshalb wurde Männern geraten, von außerehelichem Kontakt Abstand zu nehmen. Ohnehin galten übermäßiger Sex und Masturbation generell als Verschwendung körperlicher Energie (letzteres sollte zudem die soziale Entfremdung fördern), die der Aufbauarbeit des Kommunismus fehlte.[120] Starks nimmt das letzte Bild des schlafenden Mannes auf dem 3 X 8 Stunden-Zyklus zum Anlass, auf die Abwesenheit der Frau – mit Ausnahme der Darstellung der Mittagspause – und damit die Abwesenheit des Geschlechtsaktes aufmerksam zu machen.[121]

Ein weiteres Ziel war die Abschaffung der Prostitution. Bereits 1921 hatte die „Volkskommissarin für Fürsorge" in der Sowjetunion, Aleksandra Kollontaj, für die Gleichheit der Geschlechter durch politische Erziehung geworben:

„The best form to struggle against prostitution is to raise the political consciousness of the great masses of women, to attract them to the revolutionary struggle and the constructive work of Communism."[122]

---

118 Starks: *The body soviet*, S. 162 – 201.
119 Vgl. Abbildungen in: ebd. S. 110, S.110 und S.173.
120 Ebd., S. 188-193.
121 Ebd., S. 163.
122 Rosenberg, William G. (Hg.): *Bolshevik Visions. First Phase of the Cultural Revolution in Soviet Russia*, Ann Arbor Paperbacks, Michigan 1990. Darin: Kollontai, Alexandra: The Fight Against Prostitution [1921], S. 224-230, hier: S. 226.

An diesen Gedanken schließt das Autorenkollektiv um Gorki an. Belomorstroj wird als exemplarischer Ort des Kollektivismus präsentiert, der die Frau zu einer unabhängigen Identität leitet: Durch schulische und politische Bildung kann sie sich von dem Mann emanzipieren und ist somit nicht mehr wirtschaftlich von ihm abhängig. Pavlova scheint die Idee einer Entwicklung zu verkörpern. Aus einer rückständigen Frau wird eine Variable der Moderne. Als Tochter eines Schusters ist die Figur im Alter von neun Jahren weggelaufen und an eine Gruppe von Dieben geraten. Sie wird verhaftet und muss als Strafe bei Reformen arbeiten, die sie körperlich misshandeln. Auf ihrer Flucht wird sie von einer Frau aufgelesen, die sie an „Vitka, den Großzügigen" verkauft. Er lehrt Pavlova das Rauben und Töten. Pavlova wird gefasst und nach einigen Strafarbeiten bei den Reformierten und auf den Soloveckij-Inseln im Norden Russlands letztlich nach *Belmorstroj* geschickt. Dort arbeitet sie zunächst aufgrund ihrer physischen Schwäche als Kellnerin in der Großküche. Sie gerät immer wieder in Konflikt mit den anderen „konterrevolutionären" Frauen, bis sie der Brigadeleiter einlädt, ebenfalls am Kanal zu arbeiten. Hier gelingt ihr schließlich die Integration in die Gruppe. Nach anfänglichen körperlichen Problemen stapelt sie Steine.[123]

Pavlova verkörpert die neue Heldin, wie sie im Zuge des Fünf-Jahres-Planes von Stalin propagiert wurde. Auch Choi Chatterjee schlussfolgert in ihrem Essay über den weiblichen Heroismus der 1930er-Jahre,

„these soviet heroines realised that collectivisation would free them from their miserable dependence on their husbands and fathers."[124]

3.2. Die physische Auflösung der Helden

3.2.1. Pavlova und das Erhabene

Pavlova wird zum Teil der imposanten Baustelle und ist schlussendlich überwältigt von einem Bild, das sich vor ihr auftut:

„You push your barrow up the blank and see the canal lying there in the woods. In the daytime it looks like a ditch. And at night it's all lighted up, just like the Tverskaya Street in Moscow. Smoke floats above it. Locomotives whistle. An explosion round the corner! Nataša from our barrack is out there, blowing up diabase... And thousands of peole move round on the bottom, up the slope, and in the woods...

---

123 Gorki: *Belomor*. S. 152-154.
124 Chatterjee, Choi: *Soviet Heroines and the Language of Modernity*, 1930-39 in: Iliĉ, Melanie: (Hg.): *Women in the Stalin Era, Studies in Russian and East European History and Society*, University of Birmingham, palgrave London 2001, S.49-68, hier: S. 55.

Black as black could be! Terrible strength! I never saw such a picture, not even in the movies. And they were all criminals. All wreckers!"[125]

Die Erziehung der Frau trägt Früchte. Pavlova hat daran mitgewirkt, einen industriellen Ort, den Kanal, zu kreieren: Lichter, Eisenbahn und Industriegeräusche sind Metaphern des technischen Fortschritts, wie sie auch die italienischen Futuristen in ihren Stadtansichten idealisiert haben. Pavlova verweist auf die Massen an Sträflingen, die sich als Mitgestalter der Industrialisierung bewährt haben. Sie kriechen über den Boden den Hang hinauf und bedecken mit ihren Körpern die Natur. Damit wird die Dialektik des Gegensatzpaares Natur und Zivilisation aufgerufen und gleichzeitig die Distanz zwischen dem „Ich und der Welt" betont, wie sie in der ästhetischen Kategorie des *Erhabenen* zum Tragen kommt.[126]

Pavlova sieht auf den Kanal herab, muss also auf einem erhöhten Plateau stehen. Ihr wird damit der erhabene Standpunkt zugewiesen, wie ihn Gerhard Paul anhand der Schlachtenmalerei der Aufklärung bestimmt: leicht erhöht, topographisch wahr und geometrisch angeordnet.[127] Letzteres ergibt sich mittels der beschriebenen horizontalen Schichtung des Gesehenens in vier Ebenen: erleuchtete Straße, grauer Nebel, Kanal, schwarzer Wald. Auch erschauert die Heldin bei der Betrachtung der erleuchteten Straße, über die sich der Rauch und Industriegeräusche legen. Es ist möglich, dass Pavlova hier dem Burkschen „delightful horror" ausgesetzt ist, auf den sich auch Paul in seiner Annäherung bezieht. Dabei handelt es sich um ein Wechselspiel von gleichzeitigem Sich-angezogen- und Sich-abgestoßen-Fühlen des Betrachters.[128] Die anschließende Passage über ihren körperlichen Zustand leitet Pavlova mit „I feel weak and thin" ein. Es scheint, als ließe die Wahrnehmung des Kontrastes zwischen dem schwarzen Wald und der „fürchterlichen Kraft", die aus ihm zu strömen scheint und textintern mit den Kriminellen konnotiert ist, die Geläuterte ihre eigene Identität und Vergänglichkeit reflektieren. Allerdings fehlt die explizite Erkenntnis Pavlovas, dass auch sie einer jener „wreckers" ist. Lediglich in einem

---

125 Gorki: *Belomor*, S. 154.
126 Hofmann, Thorsten: *Konfigurationen des Erhabenen. Zur Produktivität einer ästhetischen Kategorie in der Literatur des ausgehenden 20. Jahrhunderts (Handke, Ransmayr, Schrott, Strauß)*, in: Spectrum Literaturwissenschaft, Bd. 5, Gruyter Verlag, Berlin 2006, S. 21-68.
127 Paul, Gerhard: *Bilder des Krieges – Krieg der Bilder. Die Visualisierung des Modernen Krieges,* Schöningh W. Fink, Paderborn 2004, S. 25-57. hier: S. 34 ff.
128 Hofmann: *Konfigurationen des Erhabenen*, S. 32 ff.

„I used to laugh at flags before" scheint ihre „konterrevolutionäre" Vergangenheit auf.[129]

Die erhabene Wirkung zeitigen nach Kant und Burke im Besonderen Naturerscheinungen, die dem Menschen „seine physische Ohnmacht zu erkennen"[130] geben. Dies gilt für die behandelte Textstelle *ex negativo*: Der einst barbarische, durch den Menschen kultivierte Wald demonstriert hier dem Menschen seine Überlegenheit. Mit dem Kunsthistoriker Werner Busch dient das Sublime nicht mehr der Subjektbildung wie noch im 18. Jahrhundert, sondern der Subjektauflösung, die im 20. Jahrhundert an deren Stelle trat.[131]

Durch die Überwindung der physischen Ohnmacht, an der Pavlova ausschließlich als Teil des sowjetischen Kollektivkörpers teilhaben kann, was einer völligen Entindividualisierung gleichkommt, erfährt sie ein neues, als positiv vorgestelltes Selbstgefühl.

3.2.2. Der androgyne Sowjetkörper

Die Vereinigung zu einem Gesamtkörper ist wesentlicher Bestandteil von Belomor. Zu Recht macht Prieß auf das Fehlen des Körperlichen im Kollektivroman aufmerksam. Weder gebe es Hinweise auf körperliche Strafen, noch Unfälle oder Hunger[132]. Zudem suggeriere der identische Aufbau aller Figurenbiographien eine geschlechtslose Einheit. Es kommen auch nur im eben behandelten Kapitel Schnittstellen von Frau und Mann wie etwa Heirat, Geburt o.ä. vor. Die Vermutung liegt nahe, dass der weibliche Körper, ausgestattet mit männlichen Attributen, den Geschlechtskörper überwinden sollte. Auch auf visueller Ebene wurde die Proklamation, die an die Idee der Biokosmisten[133] anknüpfte, mittels Raumfahrt Geschlecht und Sterblichkeit zu überwinden, verfolgt.

---

129 Gorki: *Belomor*, S. 154.
130 Busch, Werner: *Die Naturwissenschaften als Basis des Erhabenen*, in: Lothar Gall (Hg.): *Schriften des Historischen Kollegs* 2003/2004, Oldenburg Wissenschaftsverlag GmbH, München 2005, S. 83-11.
131 Busch, Werner: *Die Naturwissenschaften als Basis des Erhabenen*, S. 83-11.
132 Prieß: *Strafe und Textproduktion*, S. 99-103.
133 Unter Einfluss Nikolaj Federovs (1928-1903) entstanden Ende 1920 die sogenannten Biokosmisten, die die „totale Befreiung des Menschen" durch die Überwindung der Grenzen von Zeit und Raum anstrebten, die Abschaffung des Todes, die Eroberung des Weltalls und die Auferweckung der Verstorbenen. Vgl. auch: Michael Hegemeister: *Nikolaj Federov. Studien zu Leben, Werk und Wirkung*, Verlag Otto Sagner, München 1989, erschienen in: Harder, Hans-Bernd/ Lemberg, Hans (Hg.): Osteuropastudien der Hochschule des Landes Hessen, Reihe II, Bd. 28, Marburger Abhandlungen zur Geschichte und Kultur Osteuropa, Im Auftrag der Philipps-Universität Marburg.

Eine Fotographie von Aleksandr Rodčenko im Roman zeigt in der Aufsicht im Vollportrait eine Kanalbauerin im Dreiviertelprofil, deren Körper auf einen Vorschlaghammer gestützt ist. Ihre Haare sind unter einem Tuch versteckt. Sie trägt eine voluminöse Daunenjacke und einen knielangen Rock, der auch als Schutzschürze interpretiert werden könnte. Um ihre Waden schließen sich eng zwei dicke Hosenbeine. Während im Hintergrund eine Steinlandschaft zu erkennen ist, erläutert der Untertitel: „In Changing Nature, Man Changes Himself."[134]

In jedem Fall sticht hier – neben der für Rodčenko bekannten Perspektive der leichten Obersicht – die Nichteindeutigkeit des Geschlechts hervor, mit der der Fotograf offensichtlich spielt. Während das Tuch mit den verdeckten Haaren und feinen Gesichtszügen, die mit einer Frau zu assoziieren sind, spielt, suggeriert die Daunenjacke (unabhängig von der damaligen Mode) einen muskulösen, männlichen Körper. Während in der landwirtschaftlichen Propaganda vor allem die *traktoristka* die Modernisierung der Frau visualisieren sollte[135], bildeten „Mannsweiber" mit Maschinen ein eigenes Genre in der Malerei des sowjetischen Sozialistischen Realismus. Drei Jahre nachdem Rodčenko diese Kanalarbeiterin fotografiert hatte, übernahm Aleksandr N. Samochvalov das Motiv in seiner „Metrobauerin". An einem nicht definierten Ort lehnt, den Kopf nach links zum Halbprofil gedreht, eine Frau an einer niedrigen Mauer. Sie steht auf dem linken Bein, das rechte vorgestellt und stützt sich mit der rechten Hand auf der Mauer ab. In der linken hält sie einen Bohrer.

„Die Metrobauerin ist von kräftiger Statur mit wohl gerundeten Schultern und Armen, ausgeprägten Hüften und Busen, der durch ihr eng anliegendes Hemdchen betont wird. Sie trägt Schnürschuhe und eine Arbeitshose, die man allerdings erst auf den zweiten Blick als solche erkennt, da sie ein seltsames Tuch um die Hüften geschlungen hat, dessen Falten die Hose teilweise bedecken."[136]

Möglicherweise handelt es sich hier um eine Schutzpatronin der Metrobauerinnen, eine Allegorie der weiblichen Schwerarbeit, bei der der Bohrer als ein Attribut funktioniert. Jedenfalls wird in diesem Ölgemälde mit der Vermengung von männlichem und weiblichem Körper gespielt: Der muskulöse Torso, die breiten Schultern und Oberarme sowie die Kleidung schreiben der „Metrobauerin" männliche Anteile zu. Das Idealbild der sowjetischen Frau beinhaltet einen maskulinen Körperbau, der wiederum körperliche Arbeit suggeriert. Bemer-

---

134 Vgl. Rodčenko, Aleksandr: *Kanalarbeiterin*, in: Gorki: *Belomor*, S.253.
135 Vgl. hierzu: Ilic, Melanie: *Traktorista: Representations and Reaities*. In: Melanie Ilic: *Women in Stalin Era*, S. 110-131.
136 Czech, Hans-Jörg/ Doll, Nikola (Hg.): Macht und Propaganda im Streit der Nationen 1930-1945, Katalog des Deutschen Historischen Museums Berlin 26. Januar bis 29. April 2007, Sandstein Verlag, Dresden 2007, S. 227.

kenswert weit entfernt ist das von Vorstellungen der gebärenden Frau, wie sie im Körperkult des nazifaschistischen „arischen Körpers" propagiert wurde. Darüberhinaus haben Anti-Make-up-Kampagnen dafür gesorgt, dass „rouge and lipstick, which were necessary in capitalist countries, where women had to hide their pasty complexions, lost their necessity in a country ruled by and for workers. "[137] Vera Ketlinskaja spricht in „The Young Woman and the Komsomol" (1927) sogar von Puder und Parfüm als lebensverkürzende Gefahren.[138]

Die sowjetkommunistische Idee der internationalen Gleichheit, die sowohl die Beseitigung der Klassengesellschaft als auch die der biologischen Grenzen implizierte, formte ein Körperbild, das den neuen Produzenten symbolisierte, den geschlechtsneutralen Arbeiterkörper. Die dem Männlichen assimilierte Frau im Roman *Belomor* unterscheidet sich damit wesentlich von den Darstellungen in den vorrevolutionären Lagerromanen, in denen die Frau über ihr explizites Frausein (ihre Sexualität) in das Kräfte- und Machtgefüge der Sträflingsgemeinschaft eingefügt war.

3.2.3. Die Entgrenzung des Körperlichen in Nikolaj Ostrovskijs *Wie der Stahl gehärtet wurde* (1934)

Zu einem androgynen sowjetischen Gesamtkörper transzendieren auch die Figuren des 1934 veröffentlichte Romans Wie der Stahl gehärtet wurde. Der mit biographischen Elementen angereicherte Roman des Autors Nikolaj Alekseevič Ostrovskij basiert hier auf der Idee des Sozialistischen Realismus, in der der Held am Ende Schreiber seiner Biographie wird. Zwar zählt der Roman nicht primär zu dem Katalog der Lagerliteratur, dennoch ist er aufgrund des propagandierten Ideals nennenswert, das die Hauptfigur durchgehend verkörpert.

Der junge Pavel „Pavka" Kortšagin fliegt von der Schule und arbeitet in einem Bahnhofsrestaurant in der ukrainischen Kleinstadt Šepetovka., wo er unter den Demütigungen und Schlägen seiner Vorgesetzten leidet. Nach der Revolution wird er Arbeiter in einem Elektrizitätswerk und verliebt sich in Tonja, die Tochter eines Oberförsters, die ihn verführen und bürgerlich erziehen will. Beides lehnt Pavel ab. Als der kommunistische Agitator Suchraj verhaftet und von Pavka befreit wird, wird Pavka selbst denunziert. Im Gefängnis lehnt er das Angebot einer Inhaftierten, sie zu entjungfern, bevor die Soldaten es tun, ab. Überraschend wird er entlassen, heiratet Tonja und wird Rotarmist. Im Kampf verliert er sein rechtes Augenlicht. Daheim lässt er sich von der Mutter pflegen und

---

137 Starks: *The Body Soviet*, S. 177.
138 Ketlinskaia, Vera: *Devushka i komsomol*, S. 62. zitiert nach: ebd.

trennt sich von der arroganten Tonja. Pavel wird Čeka-Funktionär und verliebt sich in Rita. Auch diese Liebe zerbricht, da Pavel Ritas Bruder für ihren Mann hält. Er konzentriert sich auf seine Arbeit. Als Komsomolze setzt er im eisigen Winter seine letzten Kräfte beim Bau einer Schmalspurbahn zum Transport für Brennholz ein. An Typhus erkrankt, bricht Pavel zusammen. Als 24-jähriger Invalide trifft er auf dem Moskauer Allunionskongress Rita wieder. Sie gesteht ihm ihre Liebe, die Pavel jedoch nicht erwidert. Nach einem Kuraufenthalt auf der Krim heiratet er Taja. Sein Traum, Redakteur zu werden, wird trotz seiner völligen Erblindung Realität. Es wird ihm ein Zimmer in Moskau zugewiesen, wo er beginnt, mit Hilfe einer Sekretärin einen Roman zu schreiben. Die Gefühle zu ihr bleiben sekundär. Am Ende erreicht ihn die Nachricht aus Petersburg, dass das Manuskript für seinen Roman angenommen wurde.[139]

3.2.4. Die Disziplinierung zu einem *corpus sacrum*

In dem stark an seine eigene Biographie anklingenden Roman lässt Ostrovskij Pavkas Körper immobil werden. Nicht mehr fähig, selbst zu schreiben, diktiert die Hauptfigur ihre vorbildliche Geschichte, womit sie dem futuristischen Traum, den menschlichen Körper nach der Maschine zu formen, sehr nahe kommt. Pavkas konsequente sexuelle Enthaltsamkeit ist frappierend. Er verspricht seiner Mutter, kein Mädchen anzufassen, „bis wir auf der ganzen Welt mit den Burshuis fertig sind, " und verweigert sich mönchisch jeder Erotik.

„Gegen Ende der Arbeit brachen öfter als sonst die verbotenen Gefühle aus dem Schraubstock des stets wachsenden Willens hervor. Verboten waren Traurigkeit und viele einfache menschliche Gefühle, leidenschaftliche und zärtliche, auf die ein jeder das Recht hatte, nur er nicht. Hätte er nur einem von ihnen nachgegeben, es würde mit einer Tragödie geendet haben."[140]

Er lehnt sexuelle Angebote ab und wird letztlich sterben, ohne sich fortgepflanzt zu haben. Pavka erkennt, dass nicht nur der Faschismus sondern auch der intime „Privatismus" überwunden ist:

„Es hatte Zeiten gegeben, wo Tanja ihm alle ihre Abende schenkte. Damals war mehr Wärme, mehr Zärtlichkeit. Aber sie war damals auch nur seine Freundin, seine Frau, jetzt hingegen seinen Schülerin und seine Parteigenossin. Er begriff: Je mehr Tanja sich entwickelte, desto weniger Zeit würde sie für ihn haben, und er fand, es musste so sein."[141]

---

139 Ostrovskij, Nikolai: *Wie der Stahl gehärtet wurde*, Verlag Neues Leben, Berlin 1947, 45.Aufl., 1987.
140 Ebd., S. 452.
141 Ebd., S. 446.

Ostrovskij inszeniert die Figur Pavka nach seiner eigenen Biographie. Auch er litt an einer unheilbaren Krankheit, die ihn zunehmend lähmte und erblinden ließ. Anstelle einer Diffamierung aufgrund der körperlichen Behinderung erfährt der Autor eine Kanonisierung: der produzierende Arbeitskörper wird sublimiert. Nicht das Wort wird Fleisch, sondern das Fleisch wird hier Schrift. Diese Transkribierung wirkt als Entgrenzung des Körperlichen. Durch das niedergeschriebene Wort geht Pavka vollends in der Gemeinschaft auf. Er überwindet seine physischen Grenzen und löst das Immanente auf. Sein bewegungsloser Körper wird, Christus ähnlich, zu einer Reliquie. Die im Bachtinschen Sinne „monologische" Stimme wird auf dem Tonband monumental. Viel mehr als einem biologischen Körper ähnelt Pavkas Körper einer Maschine, die in der Vereinigung mit dem Menschen sakralisiert wird.

Die sowjetische Lagerliteratur im Untergrund

4.1. Die Grenzen der Entstalinisierung

Während der Neue Mensch sich durch seinen muskulösen, arbeitenden, nahezu androgynen Körper auszeichnete, entmaterialisiert sich Pavka. Steht im Kollektivroman Belomor noch die Kultivierung im Besserungslager an erster Stelle, antizipiert Ostrovskijs *Wie der Stahl gehärtet wurde* bereits das Verschwinden des Körpers: Der bewegungsunfähige Romanheld diktiert seine Biographie und wird durch die Niederschrift unsterblich. Der Rollenwechsel von Täter zu Opfer, vom erkrankten zum gesunden Menschen (und umgekehrt), vom geschlechtsspezifischen zum asexuellen Körper, und letztlich vom Individuum zum Kollektivkörper geht mit dem Identitätsverlust einher. Ähnlich ermöglicht diese Form von „subjection" eben die im ersten Teil diskutierte entscheidende räumliche Bewegung von Freiheit in Unfreiheit. Als „dynamische" Figuren sind Nataša und Tatjana in Miss GULAG aber weniger Bestandteile poststalinistischer als postsowjetischer Signifikanz.

Das sowjetische Strafrecht, das jeden Proletarier als erziehbar einstufte, basierte von Anbeginn auf dem Lagersystem. Einer von diesem begangenen Straftat konnte per definitionem kein klassenfeindliches Bewusstsein zu Grunde liegen. Das änderte sich aber maßgeblich ab der Machtübernahme Stalins 1928: Der Begriff des „Volksfeindes" machte beinahe jeden zu einem potentiellen Täter. Das mit der Lagerreform von 1928/29 realisierte System der „Besserungsanstalten" wurde zusätzlich als ein wesentliches Instrument seiner Machtetablierung einsetzte. Selbst fünf Mal aus der Verbannung geflohen, etablierte Stalin den Terror als politisches Kampfinstrument. (Das erste Umerziehungslager wurde 1923 auf den Soloveckij-Inseln im Weißen Meer installiert. In wiefern ab Mitte der 1930er-Jahre die Zwangsarbeit zum festen Bestandteil des sowjetischen Wirtschaftswachstums gerechnet wurde, ist umstritten.[142]) Dazu zählten auch die „Lagerisierung"[143] der Sowjetunion und der Aufbau des Geheimdienstes „Čeka"[144]. Nach Paragraph 58 des Strafgesetzbuches bestimmte dieser, wer als „Volksfeind" galt und wer nicht. Die erste große Verhaftungswelle setzte 1934 nach dem Mord am Ersten Sekretär der Leningrader Parteiorganisation, Sergej Mironovič Kirov, ein. Sie erreichte ihren Höhepunkt mit dem Großen Terror des Jahres 1937 und den Moskauer Schauprozessen von 1936 und zählten dazu auch 1938. Unter den Hinrichtungsopfern befanden sich bekannte Alt-bol'ševiki wie z.B. Nikolaj Bucharin sowie die Mehrheit des Offizierskorps der Roten Armee, der meist „Verrat, Schädlingstätigkeit und Spionage" vorgeworfen wurde. Zivilisten, die in der Regel nachts verhaftet wurden, mussten sich der *Konvejer* (dt. Fließband) unterziehen: Unter Schlafentzug wurden in tagelangen Vernehmungen unter Folter die erwünschten Geständnisse erpresst.[145] In Folge des Befehls 00447, mit dem Stalin im Juli 1937 den Großen Terror in Gang setzt, in dem er befahl, in den Provinzen vermeintliche „Klassenfeinde" nach Quoten zu töten, war in den Untersuchungskammern und Gefängnissen auch offiziell körperliche Folter erlaubt. Begleitet wurden die „großen Säuberungen" von öffentlichen Plakataktionen, die vor Spionen, Kollaborateuren oder Dieben warnten. Der Begriff „Volksfeind" war derart weit auslegbar, dass er sich prinzipiell auf jeden Sowjetbürger anwenden ließ – auch auf Angehörige der politischen Führungselite. *Proizvol* (Willkür) regierte. Allein 1937 sollen 1,3 Millionen Menschen in Lagern inhaftiert und zu Zwangsarbeit verurteilt worden sein.[146]

Nach Stalins Tod und Chruščevs „Geheimrede" auf dem XX. Parteitag wurde das GULAG im Mai 1956 als Hauptverwaltung des stalinistischen Lagersystems aufgelöst und die Lager unterschiedlichen Dienststellen unterstellt. Es folgte eine Rehabilitierung von insgesamt 70 Prozent der Lagerinsassen.[147] Während

---

142 In den Lagern des GULAG arbeiteten 1935: 25.483 Gefangene (davon 16,3% politische Gefangene); 1941: 1.500.524 Gefangene (davon 28,7 % politische Gefangene); 1946: 600.897 Gefangene (davon 59,5 % politische Gefangene); 1948: 1.108.057 Gefangene (davon 38 % politische Gefangene). Nach Susanne Rieckhof: Strafvollzug in Russland, FN 187, S. 36.
143 Armanski, Gerhard: *Der GULag – Zwangsjacke des Fortschritts*, in: *Strategien des Überlebens*, S. 25.
144 Allrussische außerordentliche Kommission zur Bekämpfung der Konterrevolution und Sabotage, später GPU = Staatliche politische Verwaltung.
145 Ginzburg: *Marschroute eines Lebens*, S. 78.
146 Schlögel, Karl: *Traum und Terror*, Carl Hanser Verlag, München 2008, S. 21.
147 Rieckhof: *Strafvollzug in Russland*, S. 37 ff.

die Umerziehungslager unter Stalin vorwiegend mit politischen Häftlingen belegt waren, sollte das Besserungsarbeitsrecht nun im Bereich des Strafvollzuges als eigenständiger Rechtszweig etabliert werden.[148] Nach wie vor verfügte die Sowjetunion aber über ein weitläufiges Lager- bzw. Sträflingskoloniesystem, was bis zu ihrem Zusammenbruch so bleiben sollte.

Unter Chruščev wurden zunächst die Strafen gemildert und das System in verschiedene Vollzugsbereiche ausdifferenziert. 1969 wurden neue „Grundlagen der Besserungsarbeitsgesetzgebung der UdSSR und der Unionsrepubliken" offiziell verabschiedet. Was die intendierte Wirkung auf die Straftäter anbelangt, ging es weiter um „bestrafen, bessern und erziehen", verstärkt allerdings auch um die Wiedereingliederung in die Gesellschaft. So wurden etwa die Kosten für die Heimfahrt übernommen oder Ausbildungszeugnisse ausgeschrieben.

> „Auch musste die örtliche Verwaltung den Entlassenen innerhalb von 15 Tagen einen Arbeitsplatz vermitteln, wobei die Wiedereinweisung in die frühere Arbeitsstelle angestrebt war und nötigenfalls Betriebe zur Einstellung von Strafentlassenen verpflichtet werden konnten. Zusätzlich musste die örtliche Verwaltung bei Bedarf auch für eine Wohnung sorgen."[149]

4.1.2. Die „Gegenöffentlichkeit" des *Samizdat* und *Tamizdat*

Ende der 60er-Jahre gab es im Zuge der schleichenden Rehabilitierung Stalins wieder mehr Gefangene aus dem Kulturbetrieb, die Künstlerdissidenten. Mit dem „Tauwetter" der Chruščev-Ära war eine Liberalisierung bzw. teilweisen Entstaatlichung der Kunst einhergegangen. Dieser Prozess stagnierte allerdings schlagartig mit dem Prozess gegen den Lyriker Joseph Brodsky, der 1964 wegen „parasitärer Arbeitsscheu" zu fünf Jahren Verbannung verurteilt wurde. Die folgenden Prozesse gegen Andreij Sinjavskij und Jurijj Daniėl' waren entgegen allen Forderungen von Künstlern aus dem In- und Ausland nicht öffentlich, da dies seitens der sowjetischen Jurisprudenz abgelehnt wurde. Die beiden Schriftsteller wurden zu fünf bzw. sieben Jahren Verbannung verurteilt. Hintergrund war wie bei Brodsky die illegale Veröffentlichung ihrer stalinkritischen Texte im *Samizdat* (Selbstverlag) bzw. *Tamizdat* (Veröffentlichung inoffizieller Literatur im Ausland).[150]

---

148 Vgl. Geilke 1966, S. 210 in: Ebd., S. 37.
149 Ebd., S. 40.
150 Hänsgen, Sabine/ Witte, Georg: *Die sichtbar unsichtbare Schrift des Samisdat* in: Choroschilow, Pavel/ Harten, Jürge/ Sartorius, Joachim/ Schuster, Peter-Klaus (Hg.): *Berlin-Moskau, Moskau -Berlin 1950-2000*, Ausstellungskatalog, Nicoalische Verlagsbuchhandlung, Berlin 2003. S. 244- 249; hier: S. 244.

Als Konsequenz der härteren Sanktionsmaßnahmen stieg zwar die Anzahl der inoffiziell gedruckten Schriften, doch zog sich die liberale Intelligencija beinahe völlig aus dem öffentlichen Leben zurück. Die Werke der Gegenöffentlichkeit waren von expliziter Idealisierung und Ästhetisierung alles Krankhaften geprägt, was als Ausdruck der Solidarisierung gelesen werden kann. Es gab in den 70er-Jahren zwar deutlich weniger Lagerinsassen als in den vorangegangenen Jahrzehnten, dafür füllten sich aber die sowjetischen Psychiatrien mit Dissidenten.

Auch die *GULAG-Literatur* kursierte fast ausschließlich im *Samizdat* und *Tamizdat*. Die Schriftstücke ehemaliger Häftlinge, die meist noch vor dem Tod Stalins 1953 verurteilt worden waren, hatten einerseits dokumentarischen Charakter, gleichzeitig handelte es sich aber auch um literarische bzw. selbsttherapeutische Versuche einer Aufarbeitung.

Allen voran erfuhr der *Archipel GULAG 1918 – 1956. Versuch einer künstlerischen Bewältigung* des sowjetischen Schriftstellers Aleksandr Solženicyn internationale Beachtung. Darin verbindet der 1945 zu acht Jahren Zwangslager und anschließender Verbannung verurteilte Solženicyn seine eigenen Erfahrungen der Lagerhaft mit Erinnerungen, Erzählungen und Briefen von 227 Personen.[151] Im Jahr 1970 wurde ihm der Nobelpreis für Literatur verliehen, ohne dass Solženicyn eine Reiseerlaubnis erhalten hätte, um ihn persönlich entgegen zu nehmen. Als der Geheimdienst KGB 1973 doch noch eine Abschrift des Manuskripts fand, wurde Solženicyn schließlich aus der UdSSR ausgebürgert.

Auch Varlam Šalamov und Evgenija Ginzburg veröffentlichten Lager-Erfahrungsberichte im poststalinistischen Untergrund. Dabei fällt die literarische Beschreibung eines verschwindenden Körpers auf. In der 2009 filmischen Adaption *Mitten im Sturm* wird neben der Literatur eben auch der sich aufzulösende Körper Hauptthema. Während Ginzburg im Film in ihrer Zelle auf den Prozeß wartet, rezitiert sie, einem Mantra gleich, den Lyriker Ossip Mandelstam: „Man gab mir einen Körper, was fang ich mit ihm an/ Mit diesem einen, der mein ist so ganz?"[152]

Beide waren in den Jahren des Großen Terrors nach Paragraph 58 zu zehn Jahren Lagerhaft verurteilt worden. Während Šalamov noch während der Zwangsarbeit in Kolyma zu weiteten zehn Jahren verurteilt wurde, kam Ginzburg nach zwei Jahren Einzelhaft und acht Jahren Lagerarbeit in Kolyma mit anschließender Verbannung frei, wurde jedoch erneut verhaftet und erst mit der Auflösung des GULAG 1956 in die Freiheit entlassen.[153]

---
151 Solženicyn: *Der Archipel GULAG*
152 Schiefler, Lena in: Junge Welt, *Mutter ohne Kinder*, 09.05.2011.
153 Vgl. Thun-Hohenstein, Franziska: *Poetik der Unerbittlichkeit* in: Sapper, Manfred/ Weichsel, Volker/ Huterer, Andrea (Hg.): *Das Lager schreiben – Varlam Šalamov und die*

Zwischen 1929 und 1956 wurden 20 Millionen Menschen in Zwangsarbeitslager deportiert. Der „große Hunger"[154] bestimmte den Alltag der Häftlinge. Bei extremen Klimaverhältnissen verbrachten die Inhaftieren zehn Jahre und mehr in überfüllten Holzbaracken. Etwa zwei Millionen Häftlinge starben unter lebensfeindlichen Umständen: Kälte, Hunger, mangelnde Hygiene und härteste Arbeit. Die Literatur ist voll männlicher Bewunderung für die betroffenen Frauen, die „trotz aller äußerlichen Gleichbehandlung (...) zwar lebten und litten wie die Männer, aber ihre Moral", hieß es immer wieder, sei „höher, ihr Äußeres und das der Baracken gepflegter, ihr Verhalten ‚vernünftiger' und ihre Ernährungsweise ‚ökonomischer'".[155] Auch Solženicyn bemerkt:

„In diesem Sinne gilt das Los der Frauen im Lager als ‚leichter'. Leichter fällt es ihr, das nackte Leben zu retten. Es ist der ‚Geschlechterhass', mit dem manche Verkümmerer jene Frauen betrachten, die nicht zum Mistdurchwühlen hinabgesunken sind, und der einen zu der natürlichen Schlussfolgerung gelangen lässt, dass es die Frau im Lager leichter hat – weil sie eben mit einer kleineren Ration satt wird und eben jenen Weg betreten kann, der sie aus Hunger und Tod hinausführt." [156]

Was Solženicyn hier als Aus-„Weg" beschreibt, ist die Prostitution. Bis auf die Jahre 1946 bis 1948 herrschte in den Lagern keine Geschlechtertrennung. Frauen hatten mit Einschränkungen die Möglichkeit, sich durch den Verkauf ihrer Körper mit Lebensmitteln etc. zu versorgen. Für viele bestand die Notwendigkeit, sich einem Beschützer anzuvertrauen, weil ihnen dies oftmals das Überleben sicherte[157] und sie außerdem ein Maß an Individualität erfahren ließ, wie Evgenija Ginzburg in ihrem Roman *Marschroute eines Lebens* beschreibt.

4.2. Die weibliche Stimme

4.2.1. Evgenija Ginzburgs *Marschroute eines Lebens* (1967)

Zwar bekamen mittlerweile wiederholt auch Frauen die Möglichkeit, ihre Erfahrungen im GULAG zu schildern – hervorzuheben wären die 20 Interviews in der

---

Aufarbeitung des Gulag, Osteuropa, Bd. 6, Berlin 2007, S. 35-52.
154 Ginzburg, Evgenija Semjonowna: Marschroute eines Lebens, Rowohlt Verlag, Hamburg 1967, hier: S. 368.
155 Armanski: Der GULag – Zwangsjacke des Fortschritts, S. 40.
156 Solženicyn: Die Frau im Lager in: Der Archipel GULAG, Bd. 2. Kapitel 8, Fischerverlag, Frankfurt am Main 2008, S.208-229.
157 Vgl. hierzu: Embacher, Helga: *Frauen in Konzentrations- und Vernichtungslagern – weibliche Überlebensstrategien in Extremsituationen*, S. 145-167. in: Robert Streibl: *Strategien des Überlebens*, Picus Verlag Wien 1996, S. 145.

Publikation *Till my tale is told*[158] – aber als weibliche Janusfigur bleibt Evgenija Ginzburg unter den Dokumentaristinnen einzigartig. Im Jahr 1966 plante sie, ihre „gestaltete Dokumentation" Marschroute eines Lebens zu veröffentlichen, verwarf dies aber aufgrund der regressiven Kulturpolitik. Angeblich ohne ihr Wissen, kursierte das Buch in einer italienischen Übersetzung bis zu seiner offiziellen Veröffentlichung 1988 im Samizdat.[159] Der Roman basiert auf ihren persönlichen GULAG-Erfahrungen.

Evgenija Ginzburg war überzeugte Kommunistin, als sie 1937 wegen „trotzkistischer Neigungen" nach wochenlangen Verhören zu zehn Jahren Einzelhaft verurteilt wurde. Da das Gefängnis in Jaroslavl' überfüllt war, teilte sie ihre Einzelzelle mit einer weiteren Gefangenen. Mittels als Toilettenpapier gedachter Zeitungsseiten und Morsezeichen informierten die Frauen in der Isolation einander über die von Stalin veranlassten Massenverhaftungen. Im Zuge des Großen Terrors nahm die Willkür des Wachpersonals nochmals zu. Weil Ginzburg ihren Namen an eine Toilettenwand geschrieben haben sollte, verbrachte sie fünf Tage in einer dunklen, eiskalten Arrestzelle in Isolationshaft. Die zweifache Mutter litt vor allem unter der Trennung von ihren Kindern. Um nicht den Verstand zu verlieren, habe sie Klassiker aus der Gefängnisbibliothek zitiert und verbotenerweise Gedichte geschrieben. Nicht zuletzt durch die Pflege ihres Körpers und ihres Äußeren habe sie in der Haft ihre Selbstachtung bewahren.

Im Anschluss wurde sie in einem Güterzug mit der Aufschrift „Spezialausrüstung" wie „eine Sache" in ein Arbeitslager nach Kolyma deportiert. Anfänglich war sie aufgrund ihres unterernährten Körpers von der schweren Arbeit befreit, später musste auch sie bei tiefen Minustemperaturen Holz hacken. Dank eines Arztes, der sie der Lagerverwaltung als Kinderkrankenschwester empfahl, wurde sie überraschend „gerettet".[160]

Als Ginzburg 1947 nach dreizehn Jahren in die Verbannung entlassen wurde, heiratete sie den Arzt, mit dessen Unterstützung sie ihren Sohn zu sich holen konnte. Wenig später wurde sie jedoch erneut verhaftet und blieb bis zur Auflösung der politischen Straflager interniert. Im Zuge der Entstalinisierung wurde Ginzburg 1955 „aufgrund neu eingetretener Umstände und mangels eines strafbaren Tatbestandes" rehabilitiert.

---

158 Vilenskij, Semen S. (Hg.): *Till my tale is told – womens memoirs of the Gulag*, erschienen in: Indiana-Michigan series in Russian and East European studies, Virago Press London 1999.
159 Hartmann, Anne: „*Ein Fenster in die Vergangenheit*" in: Osteuropa – *Das Lager schreiben*, S. 57.
160 Ginzburg: *Marschroute eines Lebens*, 1967.

4.2.2. Weiblichkeit als Überlebensstrategie

Der in *Marschroute eines Lebens* beschriebene Alltag im Frauengefängnis ist von der besorgten Pflege des Häftlingskörpers bestimmt. Im GULAG wird dieser Körper eine Instrumentalisierung erfahren. Derweil die Frauen den negativen Auswirkungen des Bewegungsmangels auf ihre Physis im Gefängnis mit sportlichen Übungen begegneten,[161] versichern sie sich mit dem bewussten Erinnern an modische Kleider ihrer (bürgerlichen) Individualität. Nachdem eine Deutsche namens Klara von der Folter durch die Gestapo und den NKWD[162] berichtet und als Beweis ihre „verunstalteten, blau unterlaufenen, verquollenen" Finger präsentiert,

> „beschreibt Greta ihrer Nachbarin Klara das bezaubernde Kleid, das am sie am 1. Mai, bei dem Fest im Bolschoj-Theater, zum letzten Mal getragen hat. Und Klaras Augen funkeln vor Neugierde. Auch sie hat etwas über das Geheimnis eines gut geschnittenen Kleides zu berichten und zieht in der Luft die Linie eines schönen Mieders nach. Ja, sie tut das mit ihren blauen Fingern mit den verunstalteten Nägeln."[163]

Diese Rückbesinnung auf weibliche Attribute des Lebens in Freiheit lässt die Realität von Folter und Individualitätsverlust für Momente vergessen. Das kollektive Erinnern stärkt den Zusammenhalt. An anderer Stelle wird eine italienische „Bytovka" (politischer Häftling), die sich im selben Zeitraum wie Ginzburg in einer Arrestzelle befindet, von dieser anhand italienischen Schuhwerks identifiziert:

> „Vor jeder steht ein Paar Schuhe. In der Strafzelle darf man nur Bastschuhe tragen. Die Gefängnisverwaltung hat nicht genügend Stiefel zur Verfügung, deshalb stehen vor den Türen abgetragene Schuhe und Turnschuhe. Eigene Schuhe. Aber was ist das? Ich sehe auffallend elegante, zierliche Modellschuhe mit hohem Absatz, höchstens Größe dreiunddreißig. Das ist sie! Das sind ohne Zweifel ihre Schühchen. Ich sehe eine zierliche Italienerin vor mir, die solche Schühchen tragen kann."[164]

Die Schuhe geben der Italienerin einen Körper, entheben sie der anonymisierten Masse, werden zum Zeichen ihrer Identität. Die Schuhgröße gibt Aufschluss über die zierliche Gestalt der Frau. Auch schützen private Pelze, enge Röcke und nicht zuletzt Büstenhalter vor der absoluten Uniformierung:

---

161 Ginzburg: *Marschroute eines Lebens*, S. 141.
162 NKWD = Narodny kommissariat wnutrennich del (Innenministerium der UdSSR).
163 Ginzburg: *Marschroute eines Lebens*, S. 139.
164 Ebd., S. 204.

„Zur Gefängniskleidung gehörte Unterwäsche aus groben Nessel, aber Büstenhalter gab es nicht, was wir als entwürdigend empfanden. Mit der Geschicklichkeit eines Zirkusartisten gelang es jeder von uns, einen Büstenhalter zu verstecken und ihn durch zahlreiche Kontrollen – hier zweimal im Monat – zu retten. Er musste gerettet werden, als ein Symbol für die Unantastbarkeit des ‚Ewig Weiblichen.'"[165]

4.2.3. Die Maskierung des Häftlingskörpers

Körperpflege ist für die Gefangenen von herausragender Bedeutung. Als Ginzburg aufgrund des Verdachts, ihren Namen an die Wand des Toilettenraumes geschrieben zu haben, fünf Tage in der dunklen Arrestzelle verbringen muss, ist sie nur mit einem Hemd bekleidet. Nach langer Zeit öffnet ein Wärter die Zelle, um sie mit einer Ration Wasser zu versorgen:

„Der Becher ist schmutzig, verrostet. Das Wasser scheint eine richtige Fettschicht zu haben. Ich greife gierig danach, trinke zwei Schluck und mit dem Rest wasche ich mich. Sparsam gehe ich damit um und wasche mir sorgfältig Gesicht und Hände und trockne mich mit meinem Hemd ab. So. Jetzt bin ich wieder ein Mensch und nicht ein schmutziges gehetztes Tier."[166]

Die Pflege des Körpers scheint wichtiger als die Ernährung. Wie kostbar Wasser in der Gefangenschaft ist, erlebt Ginzburg später auch im Konvoi nach Kolyma. Dessen Wasserration wird radikal gestrichen, was beinahe eine Revolte auslöst.[167] Auch in der zuvor beschriebenen Situation besteht die Gefahr des Verdurstens, was die Bedeutung unterstreicht, die der Revitalisierung durch Hygiene hier zukommt. Ein weiteres Beispiel der Betonung des Weiblichen ist der Abschnitt, in dem Ginzburg ihr Gerichtsurteil erwartet.

„Trotzdem erwacht in der neuen Umgebung in mir der Wunsch, mich zusammenzunehmen. Ich hole aus meinem Bündel das blaue Kleid, streiche sorgfältig die Falten glatt, drehe mir mit dem Finger ein paar Locken und pudere mir die Nase mit Zahnpulver. Das alles tue ich fast automatisch. Es ist nichts Erstaunliches dabei. Auch Charlotte Corday hat sich schön gemacht, ehe sie zur Guillotine ging, auch Camille Desmoulins, ganz zu schweigen von Maria Stuart. Aber all die Gedanken laufen wie von allein ab, während die große kalte Kröte, die sich in meiner Brust eingenistet hat, davon unberührt bleibt. Sie ist durch nichts zu vertreiben."[168]

---

165 Ginzburg: *Marschroute eines Lebens*, S. 186.
166 Ebd., S. 263.
167 Ebd., S. 255.
168 Ginzburg: *Marschroute eines Lebens*, S. 153.

Zu diesem Zeitpunkt rechnet Ginzburg fest mit einem Todesurteil. Indem sie eine besondere Garderobe wählt, sich frisiert und pudert, beharrt sie auf einem edlen Stolz, den sie auch prominenten Leidensgenossinnen zuschreibt. Im Unterschied zu ihr wurden historische Persönlichkeiten wie Charlotte Corday vor einem Publikum hingerichtet und blieben somit bis zuletzt Personen der Öffentlichkeit. Umso verzweifelter mutet der Überlebenskampf im Auftritt Ginzburgs an:

> „Und jetzt stehen sie da, um mich, wenn es nötig ist, zu stützen. Aber es ist nicht nötig. Ich werde nicht zusammenbrechen. Ich schüttle die Locken, die ich mir vor der Verhandlung gedreht habe: ich will mich nicht blamieren vor dem Schatten der Charlotte Corday. Dann lächle ich den Wachsoldaten, die mich erstaunt ansehen, freundlich zu."[169]

Grenzen der Leidensfähigkeit des Körpers werden in diesem Überlebenskampf unter Rückgriff auf die Identität von Charlotte Corday überwunden. Zwar lässt dies an die Karnevalisierung denken, wie sie der 1929 nach Kasachstan verbannte Literaturtheoretiker Michail Bachtin beschrieb, doch sollte aufgrund der Tatsache, dass Bachtin sich allein auf die höfische Literatur bezogen hat, dieser Vermutung nicht weiter nachgegangen werden.[170] Dennoch existiert auch in dem Roman das Prinzip der „umgestülpten Welt":

> „Das karnevalistische Leben ist ein Leben, das aus der Bahn des Gewöhnlichen herausgetreten ist."[171]

Ginzburgs Beschreibung der Maskierung durch Schminke und Mode entspricht dieser zeitweiligen Machtumkehrung. Die Erzählerin wird nicht zu Tode verurteilt und bricht nicht vor den Wachsoldaten zusammen.

Neben dem Identitätentausch von Narr und König tritt im Karneval an die Stelle der hierarchischen Ordnung das Prinzip der „familiären Berührung": Extreme Gestikulationen, obszöne Sprache, die allgemeine Profanisierung und der abschließende Sturz des Karnevalskönigs, wie es Bachtin formuliert, behaupten auch bei Ginzburg eine legitime Intimität. Diese Exzentrik lässt sich vor allem in dem Kapitel „In Gottes Garten gibt es viele Arten" wiederfinden. Hier berichtet sie vom Transport in einem überfüllten Zug. Auf der Strecke von Jaroslavl' über Vladivostok nach Kolyma werden die Frauen beschuldigt, Bücher gelesen zu haben. Um den Wärtern zu beweisen, dass die Literatur auswendig rezitiert war, trägt Ginzburg mehr als dreißig Minuten lang Puškin vor. Sie erreicht Ext-

---

169 Ebd., S. 153.
170 Bachtin, Michail M.: *Literatur und Karneval*, Zur Romantheorie und Lachkultur. Fischer Taschenbuch Verlag, Frankfurt am Main 1990.
171 Ebd., S. 48.

raordinäres: Die Frauen dürfen beim nächsten Zwischenhalt eine Badeanstalt benutzen.[172] Sie müssen dazu vor den Waggons „in Fünferreihen" antreten, so dass ein „etwa siebzig Meter langes, graubraunes, sich schlängelndes Band" entsteht. Dann treten sie vor einen Spiegel, viele erstmals seit Jahren.

„In dem bläulichen Glase verschwimmen viele hundert leidvolle Augen, die sich selbst zu erkennen suchen. Ich erkenne mich nur an der Ähnlichkeit mit meiner Mutter wieder." [173]

Ginzburg spielt hier mit dem ästhetischen Gestaltungsmittel der Figurenpaare in Form des Kontrastes. Die Erzählerin tritt als parodistischer Doppelgänger des mütterlichen Körpers in Erscheinung. Nachdem einige Frauen bereits beschlossen hatten, ihre Unterwäsche beim Bade anzubehalten, kulminiert das vermeintlich Karnevaleske in der „umgekehrten Verwendung von Sachen"[174], als die Sprecherin des Waggons nackt vor den lüsternen Wärter treten soll.

„Jetzt aber wogte (das Haar) wie ein rötlicher Strom um Fissas Körper und hüllte sie fast bis zu den Knien ein. So stand sie da mit einer Schüssel in der Hand, gleichzeitig eine Lorelei aus dem Ural und eine heilige Barbara, deren Haar auf wunderbare Weise gewachsen war, um ihre Blöße vor ihren Peinigern, den Heiden, zu verdecken (...). [Fissa] hielt mit der einen Hand die Haare über der Brust zusammen, wie einen über der Schulter hängenden Schal."[175]

Die unterschiedlichen Varianten des rituellen Lachens, wie sie Bachtin mit dem abstrakten Karnevalslachen meint, hängen demnach unwillkürlich mit „Tod und Auferstehung, (...) dem Zeugungsakt (und) den Symbolen der Fruchtbarkeit" zusammen. Als Reaktion auf die „Krisen im Leben der Welt und des Menschen"[176] entspricht es dem Begräbnislachen. In Ginzburgs Marschroute wird das Lächeln einer Inhaftierten einem Wärter gegenüber von ihren Mitgefangenen als „unwürdig" gedeutet[177], erhält aber in dem eben erwähnten Zusammenhang die weitaus erhabenere Bedeutung des Sicherhebens über den Tod. Eine weitere Insassin ergreift Partei:

„'Wir sind Menschen für ihn, Frauen, meinetwegen Weiber! Aber ich bin lieber ein Weib als eine Nummer!' Nach diesen Worten herrscht im Waggon Stille. Der feuchte Hauch einer Gruft weht wieder über den noch gestern lebendig Begrabenen, die erst heute morgen ihre Namen wiederbekommen habe, nachdem sie zwei Jahre

---

172 Ginzburg: *Marschroute eines Lebens*, S. 269.
173 Ebd., S. 286.
174 Bachtin: *Rabelais und seine Welt*, S. 53.
175 Ginzburg: *Marschroute eines Lebens*, S. 288.
176 Bachtin: *Literatur und Karneval*, S. 54.
177 Ginzburg: *Marschroute eines Lebens*, S. 253.

Nummern gewesen sind. ‚Du bist ein Köpfchen, Polja! Alles ist besser, als eine Nummer zu sein!'"[178]

Ein weiteres höhnisches Lachen antizipiert bald darauf den Zusammenbruch der Erzählerin. Es erschallt mit dem „Trampeln der tanzenden Frauen" unter dem Deck des Schiffes, das die Gefangenen nach Kolyma verbringt. Während diese „kriminellen Frauen" zu „Foxtrott tanzt Kathy heut' wieder" singen, bricht Ginzburg ohnmächtig auf dem Deck zusammen und erwacht erst in Kolyma wieder.[179] Unweigerlich eröffnet sich hier dem Betrachter das ästhetische Motiv des *Danse macabre*. Der Tod macht keine Standesunterschiede, er holt jeden ein. Doch Ginzburg wird in letzter Minute vom Schiffsarzt gerettet.

4.2.4. Die männliche Rettung

Solženicyn erörtert die Errettung der Frau durch den Mann in seinem Kapitel *Die Frau im Lager*. Mit einem intertextuellen Bezug auf Čechovs *Die Insel Sachalin* berichtet Solženicyn hier von der Ankunft der Frauen im Archipel. Sie werden von Männern in die Baracken geführt und „geprüft". Dann wird ihnen eine „Elektrokochplatte" von den Männern präsentiert, die gleich „nach den Kartoffeln auf die Bezahlung [Sex, L. R.] pochen". „In diesem Sinne gilt das Los der Frauen im Lager als ‚leichter'." Mit einem tatsächlich sehr männlichen Blick taxiert Solženicyn „den Wert" der Frau im Lager in Abhängigkeit zu ihren Überlebenschancen.[180] Dass es sich bei den sogenannten „Lagerehen" nicht um freiwillige Verbindungen handelte, erscheint als nebensächlich, denn außer diesen Ehen hätten „nur offensichtliches Alter und offensichtliche Hässlichkeit" Schutz vor Vergewaltigung geboten. Außerdem beschreibt Solženicyn in diesem Kapitel, wie Geschlechtsverkehr unter den Gefangenen durch einen Zaun vollzogen wurde.[181]

Sexuelle Kontakte zwischen Männern und Frauen werden in der Lagerliteratur immer wieder besonders hervorgehoben. Exemplarisch behauptet der oben bereits angeführte Historiker Armanski:

„Wann und wo immer denkbar, wurde Geschlechtsverkehr geübt. Am liebsten führte man regelrechte Lagerehen; beiden Seiten erleichterten sie das Leben."[182]

---

178 Ginzburg: *Marschroute eines Lebens*, S.253.
179 Ebd., S. 323.
180 Solženicyn: *Die Frau im Lager*, S. 210.
181 Ebd., S. 226.
182 Armanski: *Der GULag – Zwangsjacke des Fortschritts*, S. 40.

Ginzburg wendet sich der Bedeutung des anderen Geschlechts für ihr individuelles Schicksal erst am Schluss von *Marschroute* zu. Vorher schreibt sie allgemeiner von „unseren Männern", die wiederum von „unseren Frauen" sprechen. Gemeinschaftsbriefe, adressiert an „Ihr Lieben! Frauen, Schwestern, Freundinnen, Geliebte!" werden ausgetauscht. Auf besondere Weise reaktivierend wirken heterosexuelle Kontakte in der Ausnahmesituation des Transitlagers: „Pasteten flogen wie Tischtennisbälle über den Stacheldraht", an dem auch Romanzen und „echte Liebesbeziehungen" entstanden seien. Immer im Bewusstsein, dass bereits der nächste Morgen die Liebenden wieder voneinander trennen könnte. Männer und Brüder erscheinen, die „mütterliches Mitleid" und „unsere Fürsorge entbehren mussten".[183]

Der Tatsache, dass viele der Inhaftierten auch Mütter waren wie Ginzburg selbst, widmet sich das letzte Kapitel von *Marschroute* ausführlicher. Ginzburg kann sich im Lager in Magadan wiederholt nur knapp und dank männlicher Hilfe einer Vergewaltigung entziehen. Schließlich befreit sie ein auswärtiger Lagerarzt von der Zwangsarbeit. Es stellt sich heraus, dass dieser Doktor Petuchov ihren zwölfjährigen Sohn Al'joša in Leningrad über einen gemeinsamen Bekannten kennengelernt hat. Daraufhin beschließt der Arzt, sie zu retten. Ginzburg wird als Krankenschwester in ein Kinderheim verschickt.[184]

Ginzburg hat das Muttersein während ihrer bis dahin dreijährigen Haft nach Kräften verdrängt. Müttern mit Kindern begegnete sie „mit brennenden Neid"[185]. In Petuchov findet sie nicht nur ihren Retter, sondern auch den ihres Kindes. Indem er diese beiden Personen einander zuordnet, erhält sie ihre Identität als Mutter zurück.

„Einige Minuten sahen wir uns schweigend an. In der ‚gemütlichen Hütte' unseres ‚Mediziners' – mit der Ofenbank, den Zierkissen darauf und den fächerförmig an den Wänden befestigten ‚Kunstpostkarten', sah ich das kluge und intelligente Gesicht eines wirklichen Arztes vor mir. Es war für mich das Signal aus der Welt der Vernunft, die ich vor einer Ewigkeit verlassen hatte... Er ist mir in diesem Augenblick der Nächste in der Welt."[186]

---

183 Ginzburg: *Marschroute eines Lebens*, S. 312-315.
184 Ebd., S. 376, 377.
185 Ebd., S. 172.
186 Ebd., S. 37.

Das intime Gespräch in einem heimatlichen Umfeld, unterstrichen durch die Kunstpostkarten, suggeriert Sicherheit und das Erwachen einer Liebe. Die Zeit bis zu ihrer Verschickung ins Kinderheim verbringt die krank geschriebene Erzählerin lesend auf einer Pritsche. Die Arbeit als Kinderkrankenschwester wird die Sehnsucht nach den eigenen Kindern vorläufig stillen. Alles in allem entsteht ein harmonischer Eindruck, hervorgerufen durch die Initiative des Arztes. Tatsächlich hat Ginzburg in der Verbannung einen Arzt geheiratet und die Übersiedlung ihres Sohns erwirkt. Es scheint, als kulminierten die Überlebenskomponenten Weiblichkeit, Schönheit und Mutterschaft in der Rettung durch den Mann.

4.3. „Die schwarze Mama"[187]

4.3.1. Präsenz der Körperlichkeit bei Varlam Šalamov

Während Evgenija Ginzburg in *Marschroute eines Lebens* überlebensstrategische Aspekte des Lageralltags in den Vordergrund stellt, verleiht Varlam Šalamov dem weiblichen Körper eine Schöpfungssymbolik. Wie Ginzburgs Lagerroman zeichnet sich auch Šalamovs Prosa durch eine herausragende „Präsenz der Körperlichkeit" aus.[188] So beschäftigt sich der Zyklus der Erzählungen über Kolyma mit Hunger, Folter, Kälte und körperlicher Arbeit. All diese Faktoren wirken unmittelbar auf den Gefangenenkörper ein und werden von diesem gespeichert. Šalamov schreibt:

> „... der eigene Körper, sein Gedächtnis, seine Muskel- und Nervenstränge (lassen) das eine oder andere Erlebnis wiederaufleben. Dieses Leben wird nicht nur ausschließlich über das Gehirn, sondern mit dem ganzen Körper erinnert. Diese Erfahrung gilt es freizulegen. Dabei dient das Hirn als unmittelbarer und realer Rettungsanker dem Körper und der Körper, in dessen weit verzweigten Verästelungen Erlebnisse festgehalten sind, die man besser vergessen sollte, dienen wiederum dem Hirn."[189]

Wiederholt betont Šalamov, dass er in Kolyma über die Jahre kaum Frauen gesehen hat. In seinem Text *Die schwarze Mama* verknüpft er Tod, körperliche Liebe und Weiblichkeit zu einer Symbolik der Auferstehung. Der Ich-Erzähler, ein 35-jähriger Verstorbener, wird auf dem Operationstisch in einem Lager wie-

---
187 Titel Šalamov, Varlam: *Die schwarze Mama* in: Sapper, Manfred/ Weichsel, Volker/ Huterer, Andrea (Hg.): *Das Lager schreiben – Varlam Šalamov und die Aufarbeitung des Gulag*, Osteuropa, Bd. 6, Berlin 2007: S. 31-33
188 Vgl. Prieß: *Strafe und Textproduktion*, S. 124ff.
189 Zitat Šalamov nach Prieß: S. 124.

derbelebt. Die Chefin verweist nackte Krankenschwestern des hell erleuchteten Saals. Ihr dunkler, grüner Körper ist ebenfalls unbekleidet, so dass sie mühelos mit ihren Brustwarzen die schlaffe Haut des Erzählers „aufschlitzen" kann. Das herausquellende Blut leckt sie mit ihrer „Ziegenzunge" auf, um anschließend ihren Körper orgiastisch an dem leblosen zu reiben. Als nichts passiert, wiederholt sie die Prozedur in einem Doppelbett. Die „Chefin" ejakuliert auf den Körper des Toten.

Während sich „die Schöpferin" rhythmisch auf dem willenlosen Erzähler bewegt, verhört sie ihn zur Schwester seiner Ehefrau. Die Antworten scheinen ihn nicht zu belasten, und sie wiederholt den Vorgang, bis endlich auch der Erzähler ejakuliert. Daraufhin küsst „die Schöpferin" den „Auswurf" und lässt den Erzähler krankschreiben. Am nächsten Tag präsentiert sie als Chefärztin vor einer Kommission die körperlichen Vitalfunktionen des Wiederbelebten, bevor sie zum dritten und letzten Mal mit ihm schläft. Diesmal ist der Samenerguss des Erzählers reichlich. Zur Erinnerung ritzt sie ihm erneut in die Brust, dann wird er entlassen.

Drei Jahre später begegnen sie sich in einer freien Siedlung nahe dem Zentralkrankenhaus am linken Ufer des nahegelegenen Flusses wieder, in das der Erzähler, der mittlerweile Feldforscher geworden ist, gerufen wird. Anna Ivanovna beglückwünscht ihn zu seiner Befreiung von der harten Zwangsarbeit. Während sie wieder miteinander schlafen, berichtet sie, sie sei verheiratet und all ihre Feinde seien denunziert. Der Körper des Erzählers hat sich derart erholt, dass unter der Berührung ihrer Brustwarzen kein Blut mehr hervor schießt, sondern Schweiß.[190]

4.3.2. Die Schöpfung durch die diabolische Frau

Die schwarze Mama verlegt die Wiederbelebung eines Leichnams in einen voll ausgeleuchteten Operationssaal und verwandelt diesen in eine Bühne für die einzige Akteurin des Spektakels. Während der leblose, später willenlose Erzähler auf dem Behandlungstisch liegt, tritt die Frau in diversen Rollen in Erscheinung. Kündigt der Titel noch „die schwarze Mama" an, was einen fürsorglichen Menschen assoziieren lässt, erfährt die Protagonistin im Text eine sonderbare Entwicklung von der Bestie zur Frau.

Die Chefin der Krankenstation führt seine Reanimierung durch, und als diese erste Erfolge zeitigt, wechselt der Erzähler zu der Benennung „Schöpferin". Diese erfährt im nächsten Absatz die Nennung zur „Chefärztin". Als er soweit

---

190 Šalamov: *Die schwarze Mama*, S. 31-33.

genesen ist, dass sie ihn in die Freiheit entlassen kann, erfährt sie die Bezeichnung „Frau". Und schließlich erhält sie beim freiwilligen Sex in der freien Kolonie den bürgerlichen Namen Anna Ivanovna. Der „Körper, der [den Erzähler] zum Leben wiedererweckt", wird so gewissermaßen exhumiert und der Erzähler als Untoter wieder zum Leben erweckt.

Einem Alp ähnlich, nähert sie sich anfangs dem verstorbenem Erzähler, um ihn ins Diesseits zurückzuholen. Der Geschlechtsverkehr wirkt belebend auf beide Körper. Der Verstorbene wird zum Leben erweckt. Während nach dem ersten Akt die „Geschlechtsorgane irgendeinen Auswurf ausspuckten", „ergoß sich" beim letzten Mal „die Fontäne". Auch Anna Ivanovna wird von einem diabolischen Wesen zum Menschen. Immer wieder betont der Erzähler die physische Ähnlichkeit zu einer Ziege: Die „Ziegenzunge" und die „harten Ziegenlippen" lecken sein Sperma. Die „kehlige Stimme" ertönt über ganz Kolyma. Die mit „feinem struppigem, stacheligem Fell [bewachsenen] harten milchlosen Brüsten", und ihr „sengender Ziegensamen" legen sich auf seine junge, wie neugeborene Haut. Die Ziege wird hier eindeutig als Teufelssymbol benutzt, das unterstreicht auch der „beinahe grüne Körper" der Frau. Dieser lässt an eine Teufelsinkarnation und Leichenhaut denken. Nach der Verwandlung zum menschlichen Wesen, erinnert nur eine „stachelige Hand" noch an das Ziegenartige. Letztlich überwinden beide sogar den klinischen Sex und vereinen gewaltlos ihre Körper.

„Die Haut war dicker geworden, und sie hatte nichts Salziges zu lecken außer Schweiß."[191]

Zurück im Diesseits, betont der Erzähler, wie ungern er lebendig ist. Immer wieder hat Šalamov die Synchronität von Leben und Tod herausgestellt.

War der weibliche Körper bei Čechov und Dostoevskij Medium der moralischen Auferstehung und Reintegration des männlichen Sträflings in die Gesellschaft, so beschreibt Šalamov ihn als Medium einer physischen Auferstehung. Auch stand Ginzburg, die das feminine Maskenspiel als Überlebensstrategie und Mittel, Individualität zu bewahren, beschrieb, unter dem Schutz Nina Valdomirvna Savoevas, die Šalamov als Vorlage für seine Figur der schwarzen Mama diente. 192 Als Direktorin der Gulag-Krankenhäuser auf Kolyma befreite sie viele Häftlinge von der körperlichen Zwangsarbeit, in dem sie sie als Krankenpersonal anstellte. Šalamov hat das fiktionale Element der Ärztin, die mit Leichen schläft, aus symbolistischer Sicht hinzugefügt [193]

---

191 Šalamov: *Die schwarze Mama*, S. 33.
192 Vgl. Thomas Kizny, „*Die schwarze Mama*" Nina Sawojewa in: Kizny: GULAG, S. 361.
193 Kizny: GULAG, S.362.

Als Resozialisierungsstück ist in *Miss GULAG* gerade die Abhängigkeit der Freiheit in Bezug auf den schönen, weiblichen Körper ostentativ, so dass die herausgearbeiteten literaturhistorischen Korrespondenzen nicht weniger verwundern. Ähnlichkeiten in den Begrifflichkeiten wie die Assoziation der Haft als „Hölle" wurden bereits in den im ersten Kapitel zitierten Pressestimmen laut. Im Film Festival Radio erklärte Produzentin Vodar zudem den Schönheitswettbewerb als Möglichkeit, sich als „Frauen ihrer Träume" gesellschaftlich zu rehabilitieren.[194] Führten also bereits Čechov und Dostoevskij den weiblichen Körper innerhalb der Haft als Träger Zurück-in-die-Gesellschaft ein, zeigen die sich auf die stalinistischen Zwangsarbeitslager konzentrierten Textstücke ein Beharren auf den femininen Geschlechtskörper als einer Überlebensstrategie. In *Miss GULAG* wird die Form der weiblichen Inszenierung wiederaufgenommen, und in der filmischen Darstellung auf die Spitze getrieben: Schönheit ist gleich Freiheit.

---

194 Vgl. hierzu S. 15 in diesem Buch.

TEIL III
Nona, die geheime *Miss GULAG*

5.1. Die Symbiose des schönen und des freien Körpers

Unter dem Aspekt, dass die Demonstration der Schönheitswahl in *Miss GULAG* an dem Ideal des schönen Körpers festhält, sowie die Antizipation der Lager als Unterwelt und Reich des Todes, scheinen Antikenreferenzen im kunsthistorischen Sinne an dieser Stelle unvermeidbar. In Yatskovas Dokumentarfilm präsentieren Inhaftierte ihre „damenhaften" Körper. Im Prolog werden die ästhetischen Komponenten des postsowjetischen Wertesystems so erläutert:

„A woman should stay beautiful not just outside the fence, but even in here she should show her beauty, not hide in these walls. A woman should be everything wonderful." (0:00:08)

Auf eine Pause folgt ein schuldbewusstes Lächeln, und: "Well ... I'm in for assault." (0:00:26). Weibliche Schönheit und Kriminalität lassen sich nicht miteinander in Einklang bringen. Diese Idee wird als Tatsache demonstriert und durch die offensive Scham dieser Verurteilten unterstrichen. Sie heißt Natalja und stellt pars pro toto den gefangenen Frauenleib dar. Ihr weißes, knöchellanges Kleid mit Rüschen-Applikationen auf Schultern und Brust suggeriert die ewige Unschuld. Der homogene Faltenwurf des Kleides – sie sind vertikal angeordnet, fallen von oben nach unten – versinnbildlicht die Einheit von Seele und Körper.[195] Eben diesen Dualismus versucht das Gefängnispersonal von UF 91-9 den Frauen mit dem Wettbewerb um den Titel „Miss Spring" zu vermitteln. Wiederholt wird betont, dass das Gefängnis kein Ort für Frauen sei und der Schönheitswettbewerb den Gefangenen die Möglichkeit biete, sich auf die Freiheit vorzubereiten (00:04:27). Tatsächlich berichten auch Siegerinnen von Schönheitswahlen in einem brasilianischen und einem litauischen Gefängnis, sie hätten sich im Triumph der „Freiheit ein Stück näher" gefühlt.[196]

Betrachtet man Miss GULAG unter dem Aspekt dieser „Befreiung", so ist bemerkenswert, dass weder die drei Portraitierten noch die oben zitierte Natalja den Schönheitswettbewerb für sich entscheiden. Der Film überrascht vielmehr

---

195 Vgl. hierzu Deleuze, Gilles: *Le pli. Leibniz et le baroque*, Les Éditions der Minuit, Paris 1988, Kap. 9. Deleuze analysiert hier anhand des aufgewühlten Faltenwurfes der Nischenskulptur der „Hl. Teresa" von Gianlorenzo Bernini (1650-52) den ekstatischen Seelenzustand der Nonne.
196 Vgl. hierzu: STERN ONLINE und SPIEGEL ONLINE.

mit dem Sieg von Nona[197], die als „geheime" vierte Hauptfigur fungiert. Im Verlauf der Dokumentation wird sie namentlich nicht erwähnt, auch nicht in den (Unter-)Titeln. Sie bleibt durchgehend anonym. Vor den Auftritten in der Kategorie „Blumenball" erscheint sie lediglich in einer kurzen Einstellung im roten Mantel. Während des „Blumenballs" wird sie kurz „vorgestellt" (0:32:08), so dass ihr Gesicht vom Zuschauer registriert wird. Allerdings ist sie das „Covergirl" des Filmplakats, so dass ihre Popularität gewissermaßen vorausgesetzt wird.

5.1.2. Die Adonis-Gestalt der „Miss Spring"

Das Nominierungsprinzip eines Wettbewerbs wie die Wahl der „Miss Spring" unterliegt der ästhetischen Kategorie der Schönheit. Da sich für die Siegerin die Möglichkeit auf eine Anhörung und damit eine vorzeitige Entlassung aus der Haft eröffnet, liegt es nahe, physische Attraktivität mit Freiheit gleichzusetzen. So ergeben sich Parallelen zwischen der nicht dargestellten Eigenschaften der Gewinnerin und der mythologischen Figur Adonis.

Bereits bildlich weisen Noras dunkle Augen und ihre langen schwarzen Haare einen starken farblichen Kontrast zu Nataša, Tatjana und Julija auf. In dieser Hinsicht könnte man von einem exotischen Habitus der späteren „Miss Spring" sprechen. Entscheidender als diese optischen Differenzen ist allerdings die „Merkmalslosigkeit"[198] der Gewinnerin. Weder ist ihr krimineller Werdegang bekannt, noch erfährt man etwas von einer eventuellen Anhörung. Was die Figur ausmacht, ist einzig und allein ihre Präsentation der Lilie[199] mit einem orientalischen Tanz (0:32:08).

Nona unterbricht Tatjanas bemerkenswerten zweiten Auftritt, bei dem sich die Dynamik der Frau wie bereits im Kapitel Schönheitswahl erwähnt, dank des Maskenspiels bemerkbar macht. (00:39:46). In einem abrikotfarbenden Bustier mit Kunstblumendekor, von dem feine goldene und orangefarbene Palliettenketten über den nackten Bauch hinunter auf den passenden Hüftrock fallen, tanzt Nona mit erhobenen Armen und kreisenden Hand- und Hüftbewegungen

---

197 Nona Madjidova wird sowohl im Film als auch in dem Presserezensionen nicht namentlich erwähnt. Ausnahmen sind der Artikel „Beauty & Crime" der Regisseurin Yatskova und der Onlineartikel von BBC two.
198 Vgl. Zitat Menninghaus in: Menninghaus, Winfried: *Das Versprechen der Schönheit*, Suhrkamp Verlag, Frankfurt am Main 2007, S. 15.
199 Während Nona Madjidova selbstsicher den Fachbegriff ihrer Lieblingsblume „Lilie Callas" erläutert, berichtet Tatjana, dass sie die ausgesuchte Pflanze erst im Buch ermitteln musste (0:32:02). Neben der Orchidee gehört die Lilie zu den präferierten Blumen für die Kostümwahl des „Flower-Ball".

schlangenhaft auf der Stelle. Ihre schwarzen Haare sind hochgesteckt, an den Seiten fallen einzelne schwarze Locken über ihre Schultern. Große orangefarbene Ohrringe stehen in Kontrast zu ihren dunklen Augen, die geradeaus ins Publikum zielen. Bei Nonas Präsentation zum „Flower Ball" handelt es sich um einen „Lilienkokon"[200]. In einem hochglanzgrünen enganliegenden Kleid werden die Schultern von einem übergroßen, bis über den Kopf reichenden weißen, nach außen gestülpten Stehkragen umschlossen: der Lilienblüte (00:42:13). Auch Tatjana präsentiert ihr Lilienkostüm mit Trompetenärmeln.

Winfried Menninghaus nimmt die „Merkmalslosigkeit" des Halbgottes in *Das Versprechen der Schönheit* zum Anlass, einen Begriff des „reinen Schönen" zu konzipieren.[201]

Adonis ist der Legende des Hyginus Mythographus nach ein Produkt der inzestuösen Liebe des Königs Kinyras von Assyrien und dessen Tochter. Als die Mutter Kenchreis von der Unzucht erfährt, will sie die Tochter töten, die aus Mitleid von Aphrodite in einen Myrrhebaum verwandelt wird. In Ovids Version handelt es sich dabei um ein Versehen. Der Vater, der bei einem Keuschheitsfest eine Frau, „der Myrrha gleich", ins Bett gelegt bekommt, verkennt seine liebessüchtige Tochter. Erst zwei Tage später entdeckt er den Betrug und versucht, sie zu töten, woraufhin ihr die göttliche Verwandlung in den Myrrhebaum das Leben rettet.[202] In jedem Fall wird Adonis aus diesem Myrrhebaum geboren[203] und ist von so großer Schönheit, dass Aphrodite sich in ihn verliebt. Menninghaus bemerkt hierzu:

„Von einem stummen Baum freigegeben, elternlos und damit die Schuld seiner Zeugung büßend, hat der Säugling Adonis theoretisch noch schlechtere Überlebenschancen als die Helden anderer Verstoßungsmythen und -märchen."[204]

Adonis hat kein anderes Merkmal als seine Schönheit. Jedenfalls wird keines genauer definiert. Es ist auch keine heroische Tat überliefert, die ihn auf spezielle Weise charakterisieren würde. So klagt Atallah, Adonis gehöre „zu einer Klasse von Wesen sehr unbestimmter Art, die [...] weniger Individualität besitzen als die Götter".[205] Diese „Unbezeichnung", die Winkelmann seinem idealen Schönheitsbegriff zuordnet, nimmt auch Kant auf. „Seine ‚Normalidee'

---

200 Zitat Yatskova in: *Beauty and Crime.*
201 Ebd.
202 Ovid/ Glücklich, Hans-Joachim (Hg.): *Metarmorphosen, Adonis und Venus,* 10. Buch, Göttingen Vandenhoeck & Ruprecht, Göttingen 2009.
203 Vgl. Marcantonio Franceschini, *Die Geburt des Adonis,* um 1700, Gemäldegalerie Alte Meister, Dresden.
204 Menninghaus: *Das Versprechen der Schönheit,* S. 23.
205 Vgl. Zitat Atallah: *Adonis,* S. 169. in Ebd., S. 16.

eines schönen menschlichen Körpers ist ihm ein reines Gestaltthema ohne jede besonderes Note, eine ‚vage Schönheit'."[206]

Trotz Adonis' Popularität gibt es keine antiken bildhauerischen Darstellungen. Während die bekannteste griechische Skulptur im Vatikanischen Museum aufgrund der bemerkenswerten Beinkomposition und der angespannten Armmuskeln der fehlenden Hand, in der man einen Pfeil vermutet, bereits früh Apollon zugeschrieben wurde, ist es gerade das Fehlen eines Attributes, das eine Bestimmung der Einzeldarstellung des Halbgottes so außerordentlich schwierig macht. Bei den nach ihm betitelten Statuen handelt es sich vorwiegend um Zitate der italienischen Renaissance. So zeigt der Bildhauer Francois Duquesnoy einen römischen Torso des Adonis, dessen Kontrapost sich jedoch auf den David von Michelangelo in Florenz bezieht. Ähnlich verhält es sich mit der Marmorskulptur von Bertel Thorvaldsen von 1808/1832 in der Pinakothek in München. Hier lehnt der nackte Jüngling, den Speer in der Rechten, an einem Baumstumpf, an dem seine Jagdbeute, ein Hase, hängt. [207]

Einzig in Verbindung mit anderen mythologischen Figuren wird auf die Tragik der Schönheit in der Neuzeit eingegangen. So sind im Barock Öldarstellungen von der „Geburt des Adonis", „Venus und Adonis", „Adonis auf der Jagd", „Adonis von Mars verfolgt" bekannt. Dazu kommen „Der Aufbruch des Adonis", „Der Kampf mit dem Eber" und „Der Tod des Adonis". Hier ist bemerkenswert, dass der dargestellte Adonis bei allen nicht als Bildzentrum, sondern als Nebenfigur fungiert. Während es sich bei den Jagdszenen vielmehr um Replikationen des Diana-Motivs handelt, betonen die Doppeldarstellungen mit Venus die physische Vollkommenheit der Göttin der Schönheit. Exemplarisch ist der „Tod des Adonis" von 1625 von Frederico Cervelli: Venus wird in der linken Bildhälfte im Goldenen Schnitt dargestellt. Ihr elfenbeinfarbenes Inkarnat und die aufrechte, durch die Engel gestützte Haltung des entblößten Körpers, dessen Scham lediglich durch eine himmelblaue Schärpe bedeckt ist, heben nicht nur die physische Attraktivität der Göttin hervor, sie lassen Adonis' grüngräulichen auf dem Boden liegenden Leichnam in der rechten Bildhälfte mit der bergigen Natur eins werden.[208]

Die Schönheit des Adonis verfügt also über keine eigene Verbildlichung. Zudem besitzt er, was bereits Atallah bemängelt, kein Attribut, das ihn näher bestimmt.[209] Das Schwert symbolisiert zugleich seine umstrittene Männlichkeit

---

206 Zitat Menninghaus: s.o., S. 17.
207 Vgl. hierzu: Michelangelo, *David*, 1501-1504, Marmor, 548cm, Galleria dell'Accademia Florenz; Francois Duquesnoy, *Adonis*, 1793, Marmor, 185cm, Louvre Paris; Bertel Thorvaldsen, *Adonis*, 1808/1832, Marmor, 182 x 77 x 45,5 cm, Pinakothek München.
208 Vgl. Frederico Cervelli, *Tod des Adonis*, 1625, Öl auf Leinwand, 225 x 323 cm.
209 Vgl. Zitat Atallah nach Menninghaus: Das Versprechen der Schönheit, S. 16.

als auch sein Scheitern. Immerhin wird er bei der einzigen Tat, bei der er seine Männlichkeit unter Beweis stellen soll, von einem Eber getötet. Der Eber erinnert als animalisches Attribut an Adonis' Versagen, was nicht dem Mythos eines Heroen entspricht. Obwohl Ovid ihm „virtus" zuschreibt, weiß Aphrodite aus Erfahrung, dass „Adonis den wilden Tieren, der Verkörperung phallischer Kraft nicht gewachsen" sei. Keine der männlichen Schönheiten der Antike sei ein Krieger gewesen, so Menninghaus.[210]

Allerdings tritt Adonis immer wieder in Verbindung mit Venus in Erscheinung. Indem ihr schöner Körper visualisiert ist, erinnert sie an sein (Über-)Leben, das sie allein eben aufgrund seiner Schönheit gerettet hat. Es könnte demnach behauptet werden, dass es sich bei Venus um ein personifiziertes Attribut des Adonis handelt.

In diesem Sinne kann die „Miss Spring", Nona, als eine Adonis-Gestalt gelesen werden. Da ihr vergleichbar wenig Individualität und physische Merkmale zugestanden werden, verkörpert sie den durch die Göttin der Schönheit erretteten Halbgott. Der „Lilienkokon" erinnert an den körperlichen Schutz der Venus, deren „Lilienarme"[211] mehreren Männern Schutz boten. Nona symbolisiert mittels des Blumenkostüms nicht nur die Geburt des Adonis aus der Pflanze, in die seine Mutter in letzter Sekunde durch Venus verwandelt und somit vor dem Tod gerettet wurde. Sie antizipiert auch den frühen Tod des Adonis. Als Venus nämlich den Tod des Geliebten beweint, werden aus ihren Tränen die Adonisröschen. Der florale Kreislauf der Geburt aus dem „Myrrhabaum" schließt sich. Ungewiss bleibt, ob es sich bei der Geburt um den eigentlichen Tod handelt. So wurde Myrrhe auch bei der Einbalsamierung von Toten als Mittel gegen den Verwesungsgeruch verwendet. In dieser Hinsicht bleibt die Frage nach dem „schönen Tod" als Freiheitskonzeption offen. Menninghaus subsumiert, dass nicht nur das üblicherweise „männliche Privileg der Objektwahl nach ästhetischen Kriterien auf den Kopf gestellt wird, sondern auch die makellose Schönheit, die „das Überleben des ausgesetzten Neugeborenen sichert".[212]

---

210 Vgl. Ebd., S. 43.
211 Vgl. Zitat Homer: „Dort nun wär er gestorben, der Volksfürst Äneias/ Wenn nicht schnell es bemerkt die Tochter Zeus', Aphrodite/ Die dem Anchises vordem ihn gebar bei der Herde der Rinder/ Diese, den trautesten Sohn mit Lilienarmen umschlingend/ Breitet' ihm vor die Falte des silberhellen Gewandes" in: Homer: Ilias, V. Gesang, Zeile 314, Deutscher Taschen buch Verlag, München 2002, S.82.
212 Menninghaus: *Versprechen der Schönheit*, S. 23.

Aus Adonis' Schönheit resultiert das Handeln (Verlieben) der Göttin der Schönheit. Nur in dieser Koppelung ist sein Leben gesichert. Der unvorbereitete Sieg der unbekannten Teilnehmerin Nona in *Miss GULAG* erinnert nicht nur in deren Konzeption des Kostüms, sondern auch in der mise-en-scène an den Mythos des Adonis.

5.1.3. Der salomonische Tanz der „Miss Spring"

Mit einem salomonischen Tanz, der an den Frauentypus der „femme fatale" erinnert, setzt sich Nona von der Masse der Inhaftierten ab. Dabei bietet die Bühne des Schönheitswettbewerbes einen nur sogenannten freien Raum, wie sie in dieser Untersuchung bereits im Lotmanschen Sinne herausgearbeitet wurde.

Auch wenn Nona innerhalb der Dokumentation kaum Eigenschaften zugeschrieben werden, ist ihre Geschlechtszuordnung – im Gegensatz zu der von Adonis – eindeutig. Was antike, explizit weibliche Schönheiten anbelangt, sind außer Venus noch die Hetäre Phryne und Helena zu nennen. Während erstere wegen Gotteslästerung angeklagt wurde – sie behauptete, schöner als die Liebesgöttin Aphrodite zu sein – und ihre Unschuld durch das Öffnen der Haare und das Entblößen des Leibes bewies[213], schlichtete „das Urteil des Paris" den Schönheitseifer von Aphrodite, Pallas, Athene und Hera.[214] Der Sohn des Priamos entschied sich für Aphrodite, die ihm als Belohung die Liebe der schönsten sterblichen Frau, Helena, verspricht.[215] Auch in der christlichen Mystik spielt die Schönheit eine tragende Rolle. Im Alten Testament erreichte Judith von Holofernes die Befreiung ihrer Stadt dank ihrer Schönheit. Sie betörte den Belagerer Holofernes, köpfte ihn und trieb damit seine Soldaten in die Flucht.[216] Diese übersteigerte Form von Weiblichkeit findet sich auch bei Yatskova wieder.

Der Tanz der zukünftigen Gewinnerin erhält seinen erotischen Ausdruck durch Autonomie und Freizügigkeit. Nonas spärlich bedeckte Haut und ihre nach oben strebenden Arme mit den kreisenden Händen[217] nehmen die empfan-

---

214 Vgl. Peter Paul Rubens, *Das Urteil des Paris*, 1636, 144,8 × 193,7 cm, Öl auf Holz, National Gallery London,
215 Der Grammatiker Kallistratros berichtet, dass die Frauen Paris mit Geschenken bestechen wollen. Hera verspricht ihm die Herrschaft über die Welt, Athene Weisheit und Aphrodite die Liebe der schönsten Frau der Welt. Helena war jedoch verheiratet, so dass Paris' Entscheidung zum „Raub der Helena" führte, der Auslöser des Trojanischen Krieges gewesen sein soll. Vgl. hierzu: Athenaios: *Gelehrtengastmahl*, Buch XIII, S. 60.
216 AT, Buch Judith, Kap. 10-13.
217 Vgl. Jean Leon Gerome, *Phryne vor den Richtern*, 1861, 80 X 128 cm, Öl auf Leinwand,

gende, aber auch sendende Haltung ägyptischer Göttinnen an; besonders den „Epiphanie-Gestus" (Wiedererscheinungsgestus) der mykenisch-kretischen Frühlingsgöttin Kore, die aus der Erde emporsteigt.[218]

Im Gegenschnitt fällt das „männlich" konnotierte Publikum auf. Die in der Dokumentation generell unterpräsentierten Männer befinden sich in der Jury, während im Zuschauerraum sitzende Frauen mit kurzen schwarzen Haaren als männliche Betrachter inszeniert werden (00:39:13; 00:39:53; 00:40:04). Sie scheinen die Wirkung der visuellen Objekte zu messen. Beispielsweise wird Tatjanas lasziver Hüftschwung mit einem Applaus des männlichen Juroren belohnt (0:39:13). Auf Nonas orientalisch anmutenden Tanz (00:39.41) folgen gebannte Gesichter (00:39:53), während Tatjanas sanftes Schreiten offenbar eine Zuschauerin zu Tränen rührt (00:40:04).

Nona wird so zu einer Projektionsfläche männlicher Wünsche. Ihre Performance erinnert an den „Tanz der Salomé" im Matthäus-Evangelium, bei dem die Tochter der Herodias ihren Stiefvater, den König Herodes, derart verzaubert, dass er ihr den Wunsch, den Kopf Johannes' des Täufers auf einem Silbertablett präsentiert zu bekommen, erfüllt. Dieser hatte Herodias wegen Ehebruchs öffentlich belangt.[219] Es ist nicht nur der Wunsch der Mutter nach einer Art rechtlichen Wiederherstellung des öffentlichen Ansehens, der in dem „Schleiertanz" der Salomé seine Verkörperung findet. Auch König Herodes' Streben nach Wiederherstellung seiner (männlichen) Macht findet in dem Wunsch nach Johannes' Enthauptung seine Entsprechung. Derart inszeniert Gustave Flaubert in seiner Erzählung *Herodias* (1877) Salomé als instrumentalisiertes Wesen. Während das junge Mädchen vollkommen eigenschaftslos bleibt, entscheidet der einzige Satz, den sie auf knapp vierzig Seiten ausspricht, über den weiteren Verlauf der Geschichte: das Todesurteil.

„Je veux que tu me donnes dans un plat, la tête [...] la tête des Iaokannan!"[220]

Es bleibt offen, welche griechische Göttin Nona mit dieser Wiedergeburts- bzw. erscheinungsgestik verkörpert. Jedenfalls wird ihr Tanz zu einer Art Körperschrift, die im skulpturalen Sinne raumöffnend ist, den Betrachter also direkt in die Inszenierung einbezieht. Der Kontrast zu den inszenierten, männlichen Blicken stellt die Transzendenz der verkörperten Idee heraus.

Hamburger Kunsthalle.
218 Meyer, Seethaler: *Von der göttlichen Löwin zum Wahrzeichen männlicher Macht. Ursprung und Wandel großer Symbole*, Kreuz Verlag, Zürich 1993, hier: S. 111.
219 Mt 14, 1-12 EU und Mk 6,14-29.
220 Vgl. Zitat Flaubert in: Flaubert, Gustave: *Herodias* in: *Trois contes*, Librio, Texte intégral, Paris 1994. hier: S. 33.

5.1.4. Die Appellschlange als *Danse macabre*

Das lokale Gegenstück zur Bühne als quasi freien Raum bildet der Gefängnishof von Camps UF 91-9. Somit steht auch das außerordentliche Auftreten der Kandidatinnen im Rahmen einer Bühnensituation im Kontrast zu dem gewöhnlichen Auftreten aller Inhaftierten auf dem Gefängnishof. Die regelmäßigen Appelle verknüpfen die einzelnen Kapitel des Films miteinander (00:02:26; 00:05:26; 00:19:20) und erinnern in ihrer Konzeption der Warteschlange an das ästhetische Motiv des „Totentanzes".

In der Exposition von *Miss GULAG* zeigt die Menschenschlange auf dem Gefängnishof von UF 91-9 die Akteure der folgenden Handlung. Die Frauen in grauer Häftlingskleidung (Mantel, Rock, Strumpfhose, Stiefel) treten hintereinander zum Appell an. Sie werden von der Wärterin aufgerufen, die jeweils die Namen von einem zum Ausweis modellierten Pappkarton mit Passfoto und äußerlichen Angaben abliest. Die Kamera zeigt erneut die lange Schlange der wartenden Frauen. Sie stehen geordnet hintereinander. Die Szene wird durch den Zwischentitel „Novosibirsk is home to UF 91-9, one of 35 women's prisons in Russia. After the transition to democracy, the number of women committing crimes doubled" (00:02:39) unterbrochen.

Anschließend geht die Kamera in Nahaufnahmen über: Die Wärterin, der Block mit Katja, Teilnehmerin des Wettbewerbes, und Julija werden vorgestellt. Als letztes Bild der Szene wird Tatjanas Portrait gezeigt, bevor die Wärterin erläutert:

> „We pity the girls who are 18 years old and end up here for horrible, ruthless crimes, and serve long sentences. Our task is to prevent them from becoming saturated in evil, and getting lost. So they aren't distanced from life on the other side of the fence." (00:03:15)

Die nun folgende Passage beinhaltet Nataljas Aussage „Prison is no place for a women" (00:04:27). Das höhere Ziel des Schönheitswettbewerbs, den tristen Alltag im Gefängnis zu vergessen, wird angeführt. Mit dem populären Motiv der Warteschlange erzeugt Yatskova eine Spannung. Unwillkürlich stellt sich die Frage, welche der Frauen als Siegerin des Schönheitswettbewerbes aus der Schlange heraus und in Freiheit treten wird.

Unter der Beobachtung kulturhistorischer Aspekte liest Georg Witte die Warteschlange als „spezifischen Chronotopos der russischen Kultur". Das „soziologische Konzentrat" vereine, so Witte, „alle sozialen Schichten, Generationen und Nationen auf engstem Raum miteinander". Indem eine kollektive Bewegung evoziert würde, liege der Spannungsfokus auf der Frage, wer als nächstes an der Reihe sei. So würde das Verweilen in der Schlange zu einer „Prüfungs- und Bewährungssituation".[221]

Zu den berühmtesten Warteschlangen der sowjetischen Geschichte gehört unwiderruflich die Kette der wartenden Trauernden vor dem provisorischen Lenin-Mausoleum 1924, die dem aufgebahrten Revolutionsführer die letzte Ehre erweisen wollten.[222] Dazu schreibt Ossip Mandel'štam:

> „Du Revolution, du hast dich an die Menschenschlangen gewöhnt. Hast Dich abgequält und dich gekrümmt in den Menschenschlangen des 19er Jahres, des 20er Jahres; da ist nun deine größte Menschenschlange, deine letzte Menschenschlange hin zur nächtlichen Sonne, zum nächtlichen Sarg... Der tote Lenin in Moskau."[223]

Neben der Warteschlange als Signifikant für die Revolution inszeniert auch Džiga Vertov in seinem zum 10. Todestag Lenins produzierten Film *Drei Lieder über Lenin* (1934) die Menschenschlange als permanenten „Gedächtnisritus". Durch die ständige Bewegung der Kamera einerseits und der Warteschlange anderseits, würde die Dynamik des Aufbaus des Kommunismus gehalten.[224] Die Visualisierung der aneinandergereihten Menschen erzeugt auch einen Spannungsbogen in Sergej Ėjzenšteins *Panzerkreuzer Potemkin* (1925). In der Hafenszene, in der die Warteschlange sich über die komplette Hafenmauer zieht, werden die Bürger der Stadt Odessa gezeigt, die zu dem Leichnam des aufgebahrten Matrosen Vakulinčuk pilgern, um ihn zu ehren. Bereits mit der nächsten Zäsur mündet diese Szene in ein Gegenbild: dem horizontalem Aufmarschieren der Soldaten [225]

Das Warten in der Schlange als „Prüfungs- und Bewährungssituation" [226] ähnelt in gewisser Weise im Ensemble dem des Totentanzes[227]. Die Vorstellung,

---

221 Witte, Georg: *Die Warteschlange als kulturspezifischer Chronotop* in: Witte, Georg: *Appell – Spiel – Ritual. Textpraktiken in der russischen Literatur der sechziger bis achtziger Jahre*, Otto Harrassowitz Wiesbaden 1989, erschienen in: Lauer, Reinhard (Hr.): *Opera Slavica*. Band 14, S. 156 -168.
222 Vgl. Baltermans, Dmitri: *Warteschlange an Lenins Grab*, 1954, Photographie, 16 x 20 cm, www.lpcline-russian-art.com/paintings/303.jpg
223 Vgl. Zitat Mandelstam, Ossip: *Der umbrandete Sarg (Lenin)* in: *Über den Gesprächspartner*, Gesammelte Essays I 1913-1924, Ammann Verlag AG Zürich 1991, S. 239.
224 Vgl. Drubek-Meyer, Nataša: *Das zweite Leben des Leichnams. Die Medialisierung Lenins in Vertovs Filmen*. In: Daniel Weiss (Hg.): *Der Tod in der Propaganda, Sowjetunion und Volksrepublik Polen*, Berlin 2000, S. 337-370, hier: S. 343 ff.
225 Die Frage bleibt offen, inwiefern sich Vertov auf die Hafenszene bezieht und es sich bei dem Motiv der Menschenmenge nicht wiederum um ein Zitat der Lenin-Trauerfeier handelt. Vgl. dazu Lenz, Felix: *Sergei Eisenstein: Montagezeit, Rhythmus, Formdramaturgie, Pathos*, Fink Verlag, München 2008, S. 117-171.
226 Witte, Georg: *Die Warteschlange als kulturspezifischer Chronotop*, S. 156 -168.

dass der Tod weder Alter noch soziale Unterschiede kennt, „der makabre Reigen unmissverständlich und drastisch die immerwährende Bedrohung durch den Tod"[228] in den Mittelpunkt rückt, ist seit dem Mittelalter ein bekanntes Motiv der darstellenden Kunst. Während beispielsweise Radierungen im 15. und 16. Jahrhundert einzelne Figuren darstellen, die von einem Skelett begleitet wurden, tendiert der Totentanz in der Moderne zu den Massendarstellungen. So interpretiert der Künstler Jean Tinguley den Holocaust als *Danse macabre*.[229]

Die Frauen in *Miss GULAG* erwarten ihre Freiheit, die sie durch Schönheit und Selbstinszenierung erlangen können. Die Frauenschlange auf dem Gefängnishof wäre somit auch eine Reminiszenz an die christliche Motivik. Auch hier stellt sich die Frage nach dem Nächsten, der die Schlange verlässt. Da als letztes Bild dieser Szene Tatjanas Gesicht im En- face- Portrait erscheint, liegt die Vermutung nahe, dass sie diejenige ist. Nona, die nicht als „Stimme"[230] der Warteschlange visualisiert wird, ist aber diejenige, die diese Prüfungssituation besteht. Im Kontrast zu dem Totentanz der anderen Inhaftierten, wird der salomonische Tanz der Gewinnerin zu einem Überlebenstanz.

---

227 Vgl. *Basler Totentanz*, um 1440, Innenseite der Friedhofsmauer der Predigerkirche Basel, Tempera auf Putz, 200 X 6000 cm.
228 Weyandt, Barbara: *Maschinerie des Todes – Der Mengele Totentanz von Jean Tinguley*. Eine moderne Danse macabre und ihr Beitrag zur Erinnerungskultur, Röhrig Universitätsverlag, St. Ingbert 2002, S.13-45. hier: S. 48.
229 Weyandt, Barbara: *Maschinerie des Todes – Der Mengele Totentanz von Jean Tinguley*. S. 48.
230 Witte: *Die Warteschlange als kulturspezifischer Chronotop*, S. 163.

Nachwort

Zur postsowjetischen Identitätsfindung à la *Pussy Riots*

Miss GULAG aus dem Jahr 2006 treibt auf die Spitze, was Anton Čechov bereits 1880 auf seiner Reise durch die Sträflingskolonien beobachtet hatte. Über physische Attraktivität können sich Frauen Vorteile in der Gefangenschaft in Sibirien verschaffen. Ähnlich der Frauenfiguren bei Čechov und Dostoevskij, die, auf ihre Körper reduziert, in vielerlei Hinsicht ein „Zurück in die Gesellschaft" versprechen, zeigt auch Yatskova die Wahl zur *Miss GULAG* als Resozialisierungsmittel: Im Anschluss an den Schönheitswettbewerb und nach einer Anhörung wird Tatjana aus dem Frauenlager UF 91-9 entlassen. Der Film übergeht dabei –im Zuge der postproduktiven Montage - die tatsächliche Gewinnerin Nona, die eine Wiederauferstehung besonderer Art erlebt: Es ist die Inszenierung ihrer weitgehend unbekannten Person sowie ihr Auftreten in einem Lilienkostüm, das an den antiken Mythos des Adonis erinnert, der allein aufgrund seiner Schönheit dem Tod entkam. Dagegen lässt Nonas Austreten aus der Warteschlange der inhaftierten Frauen in Form eines salomonischen Tanzes die Vermutung zu, dass es sich weniger um einen Freiheitstanz als um einen Totentanz der Gewinnerin handelt. Ähnlich wie bei Tatjana, die auch dem Reigen entkommen ist, befürchtet der Zuschauer am Ende des Filmes eine Wiederholung: Die wiedererlangte räumliche Freiheit könnte sich dabei als ihr Gegenteil herausstellen.

Die Russische Föderation im Jahr 2012 unfrei zu nennen, überlasse ich an dieser Stelle einem Kunst-Performance-Kollektiv. Im Februar 2012 hatten die *Pussy Riots* mit einem Punk-Gebet für Aufsehen gesorgt: in bunten Miniröcken und mit Strumpfmasken maskiert baten die Frauen in der Christi- Erlöser-Kathedrale in Moskau „Jungfrau Maria, heilige Muttergottes, räum Putin aus dem Weg!" Trotz immenser Medienaufmerksamkeit und weltweiter Unterstützung wurden drei Mitglieder wegen „Rowdytums" zu zwei Jahren Arbeitslager verurteilt. Betrachtet man all die in dieser Arbeit untersuchten Autoren, die dem Genre der Lagerliteratur zuzuordnen sind, unter der Frage, welche Rolle der weibliche Körper in der Haft einnimmt, sind die kürzlich publizierten Texte der drei verurteilten Mitglieder[231] äußerst bemerkenswert: sie mahnen den rechtstaatlichen Charakter der Russischen Förderation unter Putin.

Die Angeklagte Nadja Tolokonnokowa erklärt in der Eingangserklärung vor Gericht, dass in dem

---

231 The Feminist Press at the City University of New York (Hrsg.): *PUSSY RIOT! Ein Punkgebet für die Freiheit*, Edition Nautilus Verlag, 2012.

> „Song „Jungfrau Maria, heilige Muttergottes, räum Putin aus dem Weg!" [sich] die Reaktionen vieler russischer Bürger auf die Aufrufe des Patriarchen wider [spiegeln], bei den Präsidentschaftswahlen am 4. März 2012 für Wladimir Wladimirowitsch Putin zu stimmen. [Sie] kämpfen, wie viele unserer Mitbürger, gegen Verrat, Täuschung, Bestechlichkeit, Heuchelei, Gier und Gesetzlosigkeit, die die derzeitigen Behörden und Machthaber charakterisieren, "[232]

Die Rebellion der Vagina, die die wörtliche Übersetzung von *Pussy Riots* meint, scheint unabwendbar, um das bestehenden autoritäre Herrschaftssystem unter Präsident Putin zu überwinden. Darüber hinaus mutet die Performance der Feministinnen in der Kathedrale eben auch etwas Körperliches an: das Hüpfen, Zucken, Arme fuchteln und auf die Kniefallen nimmt ein Zeuge nicht als Performance sondern als „Hexensabbat" wahr, wie er später vor Gericht aussagt[233]. Gerade in Bezug auf die folgende Gerichtsverhandlung, die teilweise vom Fernsehen übertragen wird, ist der öffentliche Auftritt der Frauen für die hier vorliegende Untersuchung entscheidend: da ist das Punk-Gebet, das mit einem körperlichen gewaltvollen Impetus des sich Bekreuzigens vorgetragen wurde. Als Bühne dient den Aufklärerinnen der Ambo der Christi- Erlöser -Kathedrale, den zu betreten, Frauen strickt untersagt ist. Im Lotmanschen Sinne wurde der Raum von Freiheit und Unfreiheit übertreten, als die Frauen eben diese Fläche für sich beansprucht haben. Das Foto, das die Mitglieder einige Monate vorher triumphierend auf der Kremlmauer zeigt, erinnert unweigerlich an Eugène Delacroix' Ölgemälde *Die Freiheit führt das Volk*[234]: es ist die Frau, die zum politischen Umbruch aufruft. Sie wird unterstützt von der ausländischen Presse, die ihnen eine Signifikanz besonderer Art zuschreibt: so sexy ist Revolution.[235] Dagegen müssen die Frauen während des Gerichtsprozesses in ihrem kugelsicheren Glaskasten statisch verharren und zitierten mitunter Dostoevskij und Brodksy, sowie Textstellen aus dem Neuen Testament. Diese „Undynamik" impliziert jedoch eine Coolness, die wie eine Lösung auf den Zuhörer/ Zuschauer wirkt:

> „Wir sind hier lediglich zur Dekoration, leblose Elemente, nur Körper, die im Gerichtssaal abgeliefert wurden." [236]

Gerade weil die Angeklagten auf die Ehrfurcht vor der Russisch-Orthoxen Kirche beharren, nehmen sie einen besonderen Charakter in der post-

---

232 *PUSSY RIOT! Ein Punkgebet für die Freiheit*, S. 47.
233 Ebd., S. 58.
234 Eugène Delacroix, 1830, Öl auf Leinwand, 260 cm × 325 cm, Louvre- Lens.
235 SPIEGEL ONLINE, Diez, Georg: *Revolution ist sexy*, 17.7.2012.
236 *PUSSY RIOT! Ein Punkgebet für die Freiheit*, S. 47.

sowjetischen Geschichte an: indem sich die Frauen in ihren Schriften zu den politischen und sozialen Missständen in ihrem Land sowie der eingeschränkte Meinungs- und Kunstfreiheit äußern, verkörpern sie eben das Un-Recht, das ihnen unter Putin in Moment der Verhandlung widerfährt: ein politischer Prozess. In der Haft, so Medienberichten zufolge, würde die inhaftierte Tolokonnokowa der Strafe durch den Staat durch Meditation entgehen: Arbeit, Kälte und Hunger würde sie somit „abfrieren", wie der Gefängnisjargonausdruck dafür heißt, den gleichzeitig eine völlige Verwilderung begleitet, " weiß die Frankfurter Allgemeine Sonntagszeitung zu berichten.[237]

Die von der Co-Autorin und Produzentin Vodar beklagte Abwesenheit des Staates, die in *Miss GULAG* bei allen drei Inhaftierten zu einer Auffassung von Selbstjustiz geführt habe, steht diametreal dem autoritären System Putin gegenüber, das *Pussy Riots* stürzen will: eine neue Ära, von der auch eingangs die Dokumentation erzählt. Mit einem Biss in ein Brötchen und einem Glas Sekt setzt der (abstinente) Präsident der Ära Gorbatschow und dem postsowjetischen Chaos ein Ende (00:01:33). In den weiteren Bildern des Prologes erscheint tatsächlich die russische Flagge, die neben einem russisch-orthodoxen Kruzifix auf einem byzantinischen Kuppelbau thront.

Diese Verwebung von Kirche und Staat dominieren bereits Dostoevskijs Figuren. Die Heiligenfiguren verhelfen den Männern zu einem resozialisierten Status. Dagegen erfahren die Körper in der stalinistischen Propagandaliteratur eine Transzendenz im Diesseits, die im Kollektiv münden sollte. Erst die revitalisierenden Züge des weiblichen Geschlechtskörper in der Dissidentenliteratur bei Šalamov und Ginzburg erinnern an die eigene Identität, die in *Miss GULAG* zu einem postsowjetischen Rollenspiel wird und mit deren Selbstbewusstsein *Pussy Riots* auf die Menschenrechte beharren. Den „demokratischen" Körper, so scheint es derzeit, wird die Russische Förderation noch lange nicht frei geben.

Abschließend möchte ich mich bei Prof. Georg Witte bedanken, der mich bei der Publikation sehr unterstützt hat. Des Weiteren danke ich meiner Eltern und Familie, die mir mein Studium und letztlich dieses Buch ermöglicht haben.

Meinem besonderen Dank gilt Laura Elias und Susan Geißler für sehr kluge Ratschläge und Korrekturen. Außerdem bin ich Alexander Reich zutiefst für seine Geduld verbunden, sich immer wieder auf meine kruden Ideen einzulassen.

---

237 Frankfurter Allgemeine Sonntagszeitung: Lagerleben, Kerstin Holm, 3. Februar 2013, S.9.

Literaturliste

Miss GULAG (2006)
R: Maria Yatskova
Neihausen-Yatskova & Vodar Films (DVD)

Primärliteratur

Čechov, Anton: *Die Insel Sachalin*, Diogenes Taschenbuch, Winkler Verlag München 1971.

Dostoevskij, Fedor: *Memoiren aus einem Totenhaus*, Mundus Gesamtausgabe Bd. 5., Deutschland 2000.

Ders., *Schuld und Sühne*; Manesse Verlag Zürich 1998.

The Feminist Presse at the City University of New York (Hg.): *Pussy Riots! Ein Punk Gebet für die Freiheit*, Edition Nautilus Verlag, Hamburg 2012.

Flaubert, Gustave: *Herodias* in: *Trois contes*, Librio, Texte intégral, Paris 1994.

Ginzburg, Evgenija Semjonowna: Marschroute eines Lebens, Rowohlt Verlag, Hamburg 1967.

Gorki, Maksim: *Belomor – An Account Of The Construction Of The New Canal Between The White Sea And The Baltic Sea,* Harrison Smith, Robert Haas (Hg.), Hyperion Press Westport Conneticut, New York 1935.

Homer: *Ilias,* V. Gesang, Zeile 314, Deutscher Taschenbuch Verlag, München 2002, S.82.

Humboldt, Alexander: *Im Ural und Altai*. Briefwechsel mit Georg Graf von Cancrin, Salzwasser-Verlag im Europäischen Hochschulverlag 2009.

Kennan, George Kennan: Siberia and the Exile System, London 1891, Band 1. Mandelstam, Ossip: *Der umbrandete Sarg (Lenin)* in: *Über den Gesprächspartner*, Gesammelte Essay I 1913-1924, Ammann Verlag AG Zürich 1991, S.239–241.

Ostrovskij, Nikolai: *Wie der Stahl gehärtet wurde*, Verlag Neues Leben, Berlin 1987.

Ovid/ Glücklich, Hans-Joachim (Hg.): *Metarmorphosen*, Adonis und Venus, 10. Buch, Göttingen Vandenhoeck & Ruprecht, Göttingen 2009.

Šalamov, Varlam: *Die schwarze Mama* in: Manfred Sapper, Volker Weichsel, Andrea Huterer (Hg.): *Das Lager schreiben – Varlam Šalamov und die Aufarbeitung des Gulag*, Osteuropa, Bd. 6, Berlin 2007: S. 31-33.

Solženicyn, Aleksandr: *Die Frau im Lager* in: *Der Archipel GULAG*, Bd. 2. Kapitel 8, Fischerverlag, Frankfurt am Main 2008, S. 208-229.

Sekundärliteratur

Aivazova, Svetlana: *Feminism in Russia: Debates from the Past*. Posadskaya, Anastasia (Hg.): *Women in Russia, A New Era in Russian Feminism*, Verso London 1994, S.155-163.

Armanski, Gerhard: Der GULag – Zwangsjacke des Fortschritts in: Robert Streibl (Hg.): Strategien des Überlebens, Picus Verlag Wien 1996, S. 16-44.

Bachtin, Michail M.: *Literatur und Karneval, Zur Romantheorie und Lachkultur*. Fischer Taschenbuch Verlag, Frankfurt am Main 1990.

Ders./ Lachmann, Renate (Hg.): *Rabelais und seine Welt-Volkskultur als Gegenkultur*, Suhrkamp, Frankfurt am Main 2003.

Bourdieu, Pierre: *La distinction. Critique social du judgement*, Edition de Minuit, Paris 1979.

Busch, Werner: *Die Naturwissenschaften als Basis des Erhabenen* in: Lothar Gall (Hg.): Schriften des Historischen Kollegs 2003/2004, Oldenburg Wissenschaftsverlag GmbH München 2005, S. 83-11.

Butler, Judith: *'Stubborn Attachment, Bodily Subjection. Rereading Hegel on the Unhappy Consciousness'*, S. 31-62; *'Conscience Doth Make Subjects of Us All' Althusser's Subjection.* S. 106-131; Melancholy Gender / Refused Identification, 132-159 in: *The Psychic Life of Power. Theories of Subjection*, Stanford University Press, California 1997.

Czech, Hans-Jörg Czech/ Doll, Nikola (Hg.): *Macht und Propaganda im Streit der Nationen 1930-1945,* Katalog des Deutschen Historischen Museums Berlin 26. Januar bis 29. April 2007, Sandstein Verlag, Dresden S. 227.

Dammer, Inga/ Adam, Birgit: *Das große Heiligenlexikon – Patronate, Gedenktage, Leben und Wirken von 500 Heiligen*, Seehammer Verlag, Weyarn 1999.

Drubek-Meyer, Nataša: *Das zweite Leben des Leichnams. Die Medialisierung Lenins in Vertovs Filmen.* In: Daniel Weiss (Hg.): Der Tod in der Propaganda, Sowjetunion und Volksrepublik Polen, Berlin 2000, S. 337-370.

Embacher, Helga: *Frauen in Konzentrations- und Vernichtungslagern – weibliche Überlebensstrategien in Extremsituationen* in: Robert Streibl: Strategien des Überlebens, Picus Verlag Wien 1996, S. 145-167.

Feuer Miller, Robin: *Dostoevsky's Unfinished Journey, Guilt, Repentance and the Pursuit of Art in 'The house of Dead'*, Yale University Press New Haven & London 2007, S. 22-44.

Foucault, Michel: *Surveillance et punir. Naissance de la prison.* Editions Gallimard, Paris 1975.

Freeborn, Richard: *Dostoevsky,* Life & Times, London 2003.

Freud, Siegmund: *Dostojewski und die Vatertötung* in: Alexander Mitscherlich, Angela Richards, James Strachey (Hg.): Bildende Kunst und Literatur, Fischer Studienausgabe Bd. 10, Fischer Verlag, Frankfurt am Main 2000. S. 271-286.

Gahlung, Ute/ Gesellschaft für Neue Phänomenologie (Hg.): *Phänomenologie der weiblichen Leiberfahrungen*, Verlag Karl Alber, München 2006.

Guardini, Romano: *Religiöse Gestalten in Dostoevskijs Werk*, Studien über den Glauben, Hochland-Bücherei, Kösel-Verlag, München 1951, S. 65-85.

Gugutzer, Robert: *Soziologie des Körpers*, Transcript Verlag Bielefeld 2004, S. 66-74.

Hänsgen, Sabine/ Witte, Georg: *Die sichtbar unsichtbare Schrift des Samisdat* in: Choroschilow, Pavel/ Harten, Jürge/ Sartorius, Joachim/ Schuster, Peter-Klaus (Hg.): *Berlin-Moskau, Moskau-Berlin 1950-2000*, Ausstellungskatalog, Nicoalische Verlagsbuchhandlung Berlin 2003. S. 244-249.

Hegel, Georg Wilhelm Friedrich: *Selbstständigkeit und Unselbstständigkeit des Selbstbewusstseins; Herrschaft und Knechtschaft.* In: Hoffmeister, Johannes (Hg.): *Phänomenologie des Geistes*, Sämtliche Werke, Band V, in: Philosophi schen Bibliothek Band 114, 6. Auflage, Felix Meiner Verlag, Hamburg 1952,S. 141-150.

Hofmann, Thorsten: *Konfigurationen des Erhabenen. Zur Produktivität einer ästhetischen Kategorie in der Literatur des ausgehenden 20. Jahrhunderts (Handke, Ransmayr, Schrott, Strauß)* in: *Spectrum Literaturwissenschaft*, Bd. 5, Gruyter Verlag, Berlin 2006, S. 21-68.

Holm, Kerstin: Lagerleben, Frankfurter Allgemeine Sonntagszeitung, 3. Februar 2013, S.9.

Ilic, Melanie (Hg.): *Women in the Stalin Era*, Studies in Russian and East European History and Society, University of Birmingham, palgrave London 2001. darin: Chatterjee, Choi: *Soviet Heroines and the Language of Modernity*, 1930-39, S.49-68.

Kaczyńska, Elżbieta: *Das größte Gefängnis der Welt, Sibirien als Strafkolonie der Zarenzeit*, Campus Frankfurt, New York 1994, S. 1-26, S. 90-117, S- 228-240.

Kaiser, Friedhelm: *Die russische Justizreform von 1864. Zur Geschichte der russischen Justiz von Katharina II. bis 1917*, E. J. Brill Leiden 1972, S. 407-420.

Kizny, Tomas: GULAG. Hamburger Edition 2004.

Lankheit, Klaus: *Das Triptychon als Pathosformel*, in: Abhandlungen Heidel berger Akademie der wissenschaftlichen Philosophie, Heidelberg 1959

Lenz, Felix: *Sergei Eisenstein: Montagezeit, Rhythmus, Formdramaturgie, Pathos,* Fink Verlag, München 2008.

Lotman, Jurij: *Probleme der Kinoästhetik. Einführung in die Semiotik*, Syndikat, Frankfurt am Main 1977, darin: *Das Sujet im Kino*, S.101-118.

Logue, W. Alexandra: *Die Psychologie des Essens und Trinkens*, Wiss. Buchges. Darmstadt 1995.

Naiman, Eric: Sex in Public. The Incarnation of Early Soviet Ideology, Princeton University Press, Princeton, New Jersey 1958, S. 27-57.

Menninghaus, Winfried: Das *Versprechen der Schönheit*, Suhrkamp Verlag, Frankfurt am Main 2007.

Meier-Seethaler, Carola: *Von der göttlichen Löwin zum Wahrzeichen männlicher Macht. Ursprung und Wandel großer Symbole*, Kreuz Verlag, Zürich 1993.

Paul, Gerhard: *Bilder des Krieges – Krieg der Bilder. Die Visualisierung des Modernen Krieges,* Schöningh W. Fink, Paderborn 2004, S. 25-57.

Pelikan Straus, Nina: *Dostoevsky and the Woman Question*, darin: *Crime and Punishment: 'Why did I say 'women'?,* St. Martin's Press, New York 1994, S. 19-36.

Prieß, Sebastian: *Strafe und Textproduktion, Apologetisches Bekenntnis und literarische Kompensation: Diskurse über Lagerhaft*, in: Wolfgang Gladrow, Barbara Kunzmann-Müller, Heinrich Olschowsky und Georg Witte (Hg.): Berliner Slawistische Arbeiten, Band 16, Peter Lang Europäischer Verlag der Wissenschaften, Frankfurt am Main 2002.

Rieckhof, Susanne: *Strafvollzug in Russland, Vom GULag zum rechtsstaatlichen Resozialisierungsvollzug?* In: Prof. Dr. Frieder Dünkel (Hg.): Schriften zum Strafvollzug, Jugendstrafrecht und zur Kriminologie, Bd. 32, Forum Verlag Godesberg, Mönchengladbach 2008, S. 7-47.

Ryfa, Juras T.: *The problem of genre and the quest for justice in Chekhovs 'The Island of Sakhalin'*, Studies in Slavic Languages and Literature Vol. 13, The Edwin Mellen Press, Lampeter, Ceredigion, Wales United Kingdom 1964, S.9-37, S. 143-209.

Rippmann, Peter: *Der andere Čechov*, darin: Sachalin: Berichterstattung als Mission, Aisthesis Verlag, Bielefeld 2001.

Rodtschenko, Alexander: Katalog zur Ausstellung im Martin-Gropius-Bau Berlin 12. Juni bis 18. August 2008, Nikolaische Verlagsbuchhandlung GmbH, Berlin 2008.

Rosenberg, William G.(Hg.): *Bolshevik Visions. First Phase of the Cultural Revolution in Soviet Russia*, Ann Arbor Paperbacks, Michigan 1990, Darin: Kollontai, Alexandra: *The Fight Against Prostitution* [1921], S. 224-230.

Schiefler, Lena in: Junge Welt, *Mutter ohne Kinder*, 09.05.2011.

Schinkel, Sebastian: *Die Performativität von Überlegenheit. Zu Judith Butlers Kritik des souveränen Subjekts*, in: Christoph Wulf (Hg.): Berliner Arbeiten zur Erziehungs- und Kulturwissenschaft, Bd.21, Christo Logos Verlag, Berlin 2005.

Schlögel, Karl: *Terror und Traum*, Carl Hanser Verlag München 2008, S. 135-174.

Sinjawski, Andrej : Materialschnitt in: Manfred Sapper, Volker Weichsel, Andrea Huterer (Hg.): *Das Lager schreiben – Varlam Šalamov und die Aufarbeitung des Gulag*, Osteuropa, Bd. 6, Berlin 2007, S. 81-87.

Siegmund, Gerald: *Abwesenheit. Eine performative Ästhetik des Tanzes, William Forsythe, Jérôme Bel, Xavier Le Roy, Meg Stuart.* Transcript Verlag Bielefeld 2006, S. 61, 62.

Solženicyn, Aleksandr: *Der Archipel GULAG*, Bd. 2. Kapitel 8.: Die Frau im Lager, Fischer Taschenbuch Verlag, Paris 1973, S. 207-228.

Städkte, Klaus (Hg.): Russische Literaturgeschichte, Metzler Verlag, Stuttgart 2002.

Ders., Sturz der Idole – Ende des Humanismus? in: Manfred Sapper, Volker Weichsel, Andrea Huterer (Hg.): *Das Lager schreiben – Varlam Šalamov und die Aufarbeitung des Gulag*, Osteuropa, Bd. 6, Berlin 2007, S. 137-156.

Starks, Tricia: *The body soviet. Propaganda, Hygiene, and the RevolutionaryState.* The University of Wisconsin Press, Wisconsin 1969, darin: *The Body. Hygiene, Modernity and Mentality*, S. 162-201.

Stolberg, Eva Maria: *Sibirien: Russlands ‚Wilder Osten'. Mythos und soziale Realität im 19. und 20. Jahrhundert* in: Beiträge zur europäischen Überseegeschichte, Bd. 95, Steiner Verlag, Stuttgart 2009, S. 47-55.

Thun-Hohenstein, Franziska: *Poetik der Unerbittlichkeit* in: Manfred Sapper, Volker Weichsel, Andrea Huterer (Hg.): *Das Lager schreiben – Varlam Šalamov und die Aufarbeitung des Gulag*, Osteuropa, Bd. 6, Berlin 2007, S. 35-52.

Wetzler, Birgit: *Die Überwindung des traditionellen Frauenbildes im Werke Anton Čechovs (1886-1903),* erschienen in: Europäische Hochschulschriften, Reihe 16, Slawische Sprachen und Literaturen, Bd. 40, Peter Lang Verlag, Frankfurt am Main 1992, S. 13-37.

Weyandt, Barbara: *Maschinerie des Todes – Der Mengele Totentanz von Jean Tinguley. Eine moderne Danse macabre und ihr Beitrag zur Erinnerungskultur,* Röhrig Universitätsverlag St. Ingbert 2002, S.13-45.

Witte, Georg: *Die Warteschlange als kulturspezifischer Chronotop* in: Ebd., *Appell – Spiel – Ritual. Textpraktiken in der russischen Literatur der sechziger bis achtziger Jahre*, Otto Harrassowitz Wiesbaden 1989, erschienen in: Rein hard Lauer (Hr.): Opera Slavica. Band 14, S. 156 -168.

Wolkonskij, Michael/ Waldemar Jollos (Hg.): *Die Dekabristen.* Die ersten russischen Freiheitskämpfer, Artemis-Verlag, Zürich 1946.
Zimmermann, Harro: *Irrenanstalten, Zuchthäuser und Gefängnisse,* In: Herr mann Bausinger, Klaus Beyrer, Korff, Gottfried: Reisekultur. *Von der Pilgerfahrt zum modernen Tourismus*, Beck Verlag München 1999, S. 207-212.

Internet

Folgende Presseartikel sind nachzulesen auf www.missgulag.com/press (Stand Oktober 2010)

BBC two online: *Miss GULAG*, This World, www.news.bbc.co.uk, 11.03.2008.

BBC two online: *Siberian prison's beauty pageant*, This World, www.news.bbc.co.uk , 11.03.2008.

BBC Radio: *Womens Hour – Women in Russian Prisons*, 06.11.2007.

Chater, David: *This World: Miss Gulag; Hotel Babylon; The Poles Are Coming; CSI*, www.entertainment.timesonline.co.uk, 11.03.2008.

Deutsche Welle Radio: Interview mit Maria Yatskova, 13.02.2007.

Dodai: *Siberian Inmates compete for Prettiest Prisoner*, www.jezebel.com, 24.03.2008

Richardsen, Paul E.: *Miss Gulag*, Russian Life Magazine, S. 63., Sept./ Oktob. 2010.

Melone, Janice: Interview mit Irina Vodar, Film Festival Radio, 06.02.2009.

Ströbele, Carolin: Modenschau im Gulag, ZEIT ONLINE, Febr./ 2007.

Uehling, Peter: „*Miss Gulag*": *Hinter Gittern scheint die bessere Welt*, Berliner Zeitung online, 20.02.2007.

Weinberger, Sharon: *Miss Gulag: Women compete in Russian Prison Peagant*, www.wired.com, 11.03.2008.

Yatskova, Maria: *Beauty & Crime*, Marie Claire, Sept. 2006.

Yerman, Jordan: *You better work: Siberian Prison Beauty Contest*, www.nowpublic.com, 12.03.2008.

SPIEGEL ONLINE: *Litauens Schöne: Wahl zur „Miss Knast"*, 02.12.2002, auf: www.spiegel.de/panorama/a-225132.html

ebd: Annette Langer: *Miss Atom 2010 - Ein Fest für Frauen*, 18.02.2009, auf: http://www.spiegel.de/panorama/gesellschaft/0,1518,608467,00.html

STERN ONLINE: Winterstein, Paolo/ AP: *Misswahl im Knast*, 25.11.2005, auf: www.stern.de/lifestyle/.../brasilien-misswahl-im-knast-550348.html
(Stand Oktober 2010)

www.ingramcontent.com/pod-product-compliance
Ingram Content Group UK Ltd.
Pitfield, Milton Keynes, MK11 3LW, UK
UKHW021830140426
5217IPUK00021B/1371